U0175131

闽南传统建筑门窗装饰艺术研究

MINNAN CHUANTONG JIANZHU
MENCHUANG ZHUANGSHI YISHU YANJIU

蓝达文 著

图书在版编目(CIP)数据

闽南传统建筑门窗装饰艺术研究/蓝达文著.—厦门:厦门大学出版社,2020.11
ISBN 978-7-5615-7989-3

Ⅰ.①闽… Ⅱ.①蓝… Ⅲ.①古建筑—门—建筑装饰—福建②古建筑—窗—建筑装饰—福建 Ⅳ.①TU-092.2

中国版本图书馆 CIP 数据核字(2020)第 234307 号

出版人 郑文礼
责任编辑 陈进才

出版发行 厦门大学出版社
社址 厦门市软件园二期望海路 39 号
邮政编码 361008
总机 0592-2181111 0592-2181406(传真)
营销中心 0592-2184458 0592-2181365
网址 http://www.xmupress.com
邮箱 xmup@xmupress.com
印刷 厦门市竞成印刷有限公司

开本 720 mm×1 000 mm 1/16
印张 10.75
插页 2
字数 205 千字
版次 2020 年 11 月第 1 版
印次 2020 年 11 月第 1 次印刷
定价 58.00 元

厦门大学出版社
微信二维码

厦门大学出版社
微博二维码

序

闽南门窗　别有韵致

郑　镛

闽南地区背山面海，岛屿星罗棋布。南亚热带季风带来温润气候，为漳州平原、泉州平原创造良好的农业生产条件。自晋末北方汉人大规模南迁，闽南逐渐成为聚族而居的传统性社会场域。至宋元时期，刺桐港兴盛，船舶云集，外域文化大量传入。继而月港崛起，海交频仍，南洋风情溢入城乡。五口通商后，厦门遂广为世人所知，欧风美雨，扑面而来。

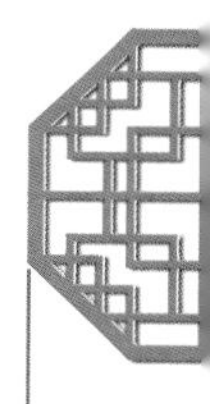

闽南传统建筑历经岁月磨洗，时光侵蚀，却仍傲然挺立，有的古朴自然，独守孤寂；有的略为整治，姿妆可人；有的追逐时尚，易土为“洋”；有的则于滨海、深山之中成一方堡塞。闽南传统建筑的演变恰如闽南文化的核心特质——广纳而多元、博采而精粹。其中，体现于门窗的装饰反映了这份另具一格的韵致。

门，为房屋与外部空间、内部不同空间的区隔物。窗，为房屋采光、通风之所。门窗实用功能人人皆知，但其在传统社会中尚有分等级、别贵贱的功能。“君门九重”，说的是皇家的气派；柴扉敝窗，则是贫寒之家的窘况。从某种意义上讲，闽南是一个移民社会，自晋末世家大族南下聚族而居，历千百年分衍无数，家族的荣耀或已褪色，但根脉尚存，门楣上不妨再重温昔日荣光。诗礼传家，是闽南各姓氏的世代追求，重义逐利则为闽南人的行为准则。“名”“利”明说便落俗，含蓄表达可谓之雅。表达在何处？门窗是也。因此，门窗也成为寄托希冀、追求梦想的特殊标识。当然，沿海的闽南传统民居之门窗还附着尚奢华、讲排场的人文性格。这些是传统建筑研究大家如黄汉民、戴志坚教授等人未能关注到的，也是曹春平等学术新锐尚未深探的领域。只有积累一定的传统建筑学识，并兼具造型、色彩美学之眼的画家方能从中领悟良多。蓝达文老师以好古之心、爱美之眼、通识之才撰写了本书，为闽南传统建筑门窗艺术开了一扇“门”。

此门妙不可言，溯源辨流、探胜寻幽，清新表达、图文并茂，让我辈眼界大开，早读为幸。

在这里，破旧的建筑仿佛有了生命，残损的门窗似乎诉说往昔。“窗含西岭千秋雪，门泊东吴万里船”有了生动而具体的诠释。

一个转身，光阴就成了故事；一次回眸，岁月便成了风景。留连于闽南传统建筑，眼光投射到门窗之上，当令我们震撼、感动和感悟。

是为序。

2020年金秋于芝山之麓

目 录

CONTENTS

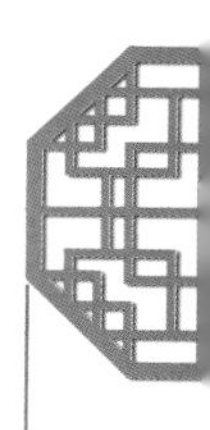

第一章

闽南传统建筑门窗装饰特点及文化内涵探讨

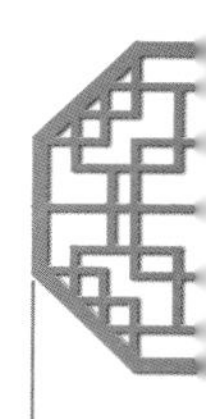

闽南传统建筑门窗装饰历史悠久，题材多样，蕴含着丰富的文化内涵，是闽南传统建筑的主要装饰。本书通过研究闽南传统建筑门窗装饰的特点，分析其装饰题材的特殊文化，从包含着特殊或具体寓意的图案内容中，初步探讨闽南门窗装饰题材所隐含的地域文化信息，揭示闽南传统建筑门窗装饰背后的文化内涵。

闽南传统建筑门窗装饰是中国传统建筑门窗装饰的一个重要组成部分，既与中国其他地区建筑装饰风格有着密切的联系，又有着显著的闽南地域特点。随着闽南人在历史上的迁移，闽南传统建筑门窗装饰作为闽南文化中最具视觉形象的传播介质，其装饰风格被带到潮汕、台湾，乃至走出国门，影响到东南亚等地。随着时代的发展和社会的演变，这些门窗装饰已经成为极具传承价值的文化遗产，受到越来越多的关注。

从区域性的传统建筑门窗装饰研究来看，闽南传统建筑门窗装饰研究相对而言还明显有许多不足。在针对闽南传统建筑的专著中，曹春平的《闽南传统建筑》（2006）对闽南传统民居的建筑布局、工艺手法等都做出了详尽的阐释，但该书仅将红砖建筑列为研究重点，对其他类型的闽南传统建筑有所忽略，且对门窗装饰的研究着墨甚少；曹春平、庄景辉、吴奕德主编的《闽南建筑》（2008）补充了红砖建筑以外的建筑类型，但该书对门窗装饰的研究亦着墨甚少，且对门窗装饰的特点缺乏充分的说明。黄汉民的《福建土楼》（2009）一书专门针对分布于闽西南的土楼展开全方位的研究，但其重点依然是放在解析土楼建筑结构上，对装饰艺术本身的关注依然不足。

第一节　闽南传统建筑门窗装饰概述

闽南传统建筑作为闽南人日常起居和信仰活动的重要场所，除其本身所具备的物质功能和艺术功能外，还反映了闽南各阶层人们的人生志趣、文化观念和审美需求。闽南建筑装饰艺术属于闽南民间美术的范畴，正是隐藏在其丰富装饰艺术之下的深层艺术语义，联结建筑的实用功能与文化内涵。“从某种意义上来说，民间美术是民俗文化最普遍的一种外在表现形式。大多数民间美术的创作都与普通民众的生活息息相关，民间美术中包含的是人们质朴的审美观念。”[①]闽南建筑装饰正是闽南普通民众社会思想和精神生活的一个反映。

门窗是建筑立面的主要装饰空间，作为一座建筑中人们视觉的注意中心，“一座建筑的雕琢功夫往往用于门窗上，门窗成为整座建筑装

① 蓝达文：《闽南民间美术撷英》，厦门大学出版社 2014 年版，第 1 页。

饰的重中之重，体现中国人思想内涵的装饰也常表现在门窗上”[①]。闽南地区发达的手工工艺也为闽南门窗装饰艺术的多样提供了条件。在闽南建筑门窗装饰中，常见的工艺包括木雕、石雕、灰雕、砖雕、剪瓷雕、灰塑、彩绘等（图1-1-1至图1-1-7）。工匠们在闽南门窗装饰中因地制宜，通过这些不同的工艺，运用多种材料，结合闽南地区建筑的文化特性和功能需要，使得门窗装饰在地域性上的表现更加明显。

图1-1-1　木雕——漳州市角美民居

图1-1-2　石雕——漳州市龙海白礁慈济宫

“在中国古代建筑中，装饰的作用不仅仅是修饰建筑空间，有时还

① 庄裕光：《中国门窗·窗卷》，江苏美术出版社2009年版，第46页。

图1-1-3　灰雕——漳州市角美镇东美村曾氏番仔楼

图1-1-4　砖雕——南安市蔡氏古民居

图1-1-5　剪瓷雕——漳州市南靖塔下张氏家庙

图1-1-6　灰塑——漳州市龙海紫泥镇溪州村

图1-1-7　彩绘——金门县水头村民居

对空间具有强化、限定、警示和引导作用。”[①] 本书所讨论的闽南建筑门窗装饰也不仅限于狭义的门和窗，而是包含以门窗为主体的装饰空间。例如，闽南建筑在正门处往往后退一定距离，形成一个凹形空间，闽南地区称为塌寿。这一空间以正门为中心，利用正门两侧身堵、对看墙等空间，装饰丰富，往往能反映房屋主人的追求（图 1-1-8 至图 1-1-10）。

总而言之，无论是在题材寓意、装饰风格，还是营造技艺、材料运用上，闽南门窗装饰各方面都渗透着闽南地区地域文化的深厚影响。解读闽南建筑门窗装饰题材中所蕴含的丰富文化内涵，可以使我们进一步探知闽南传统建筑艺术中包含的艺术与文化特征，进而有助于我们寻求其在现代语境下的文化价值及应用价值。

① 鲁晨海:《论中国古代建筑装饰题材及其文化意义》，载于《同济大学学报（社会科学版）》2012 年第 1 期，第 35 页。

图1-1-8　塌寿——龙海市角美古民居

图1-1-9　塌寿——金门县山后村

图1-1-10　塌寿——金门县金城镇前水头

第二节　闽南传统建筑门窗装饰特征

“任何艺术，就其内容来讲，都不能脱离那个时代的社会生活，不能不带有那个地域、民族的物质生活与意识形态的印迹。”[①] 闽南建筑门窗装饰极为丰富，是闽南人思想意识在日常起居活动中的一个重要反映。闽南文化有着崇礼随俗的特征，因此在门窗装饰的选择上，也或多或少表现出当地社会观念及地域文化的影响，显现出独特的文化特征。

一、吉祥主题的延续

闽南建筑门窗装饰虽然种类多样，内容丰富，但究其装饰主题，

① 楼庆西:《户牖之美》,生活·读书·新知三联书店 2010 年版,第 11 页。

依然与我国传统建筑门窗装饰一致，即以吉祥寓意深厚的装饰图案为主，这也是各阶层人民的普遍追求。从吉祥寓意的表达来看，闽南传统建筑门窗装饰往往通过两种方式体现：一种是利用装饰题材本身的特征或习性赋予其人格化的象征，如以牡丹象征富贵，仙鹤象征长寿，竹子象征节节高升，石榴象征多子多孙等（图 1-2-1）。另一种是利用谐音的方式来彰显各种吉祥寓意，如蝙蝠象征遍福，鱼象征年年有余等（图 1-2-2）。在闽南地区，由于地域性和方言的特殊性，各类装饰题材常被赋予更多特殊的寓意，如用闽南沿海常见的甲壳类动物虾、蟹，引申出“科甲及第”的寓意；又如以菠萝闽南语的读音“旺来”来象征子孙旺来。

图1-2-1　吉祥主题——平和县绳武楼

图1-2-2　吉祥主题——漳州市芗城区半月楼

从具体的装饰艺术来看，闽南传统建筑门窗传承了中国传统建筑门窗装饰风格。例如，在闽南建筑丰富的龙纹窗饰中，以螭龙纹最为常见。这种早在战国时期就已流行的古老图案形似龙纹，由于尾部常为卷草形，故又称草龙纹；又因为形态近于野兽，故又称螭虎纹。在闽南地区，表现为一对螭龙蟠成香炉状的螭虎炉图案，在闽南门窗装饰图案中极为常见，非常有特色（图 1-2-3）。又如，漳州木版年画中的神荼郁垒门神形象，最早见于汉代，后来被关羽张飞、秦琼敬德的门神画取代。但在漳州地区，这种门神组合一直延续下来。

二、装饰风格的转化

闽南传统建筑门窗的装饰，总体上不出我国传统装饰的范畴，但

图1-2-3　螭虎炉图案——泉州博物馆（藏）

在具体的装饰风格、表现手法上，均表现出自己独特的一面。闽南文化有着崇礼随俗的特点，既不像中原地区建筑装饰那样强调严格的等级制度，也不像江南地区建筑装饰那样崇尚文雅。闽南传统建筑门窗装饰，大多表现为绚丽的色彩搭配与众多装饰图案的组合。同样题材的装饰，在闽南传统建筑门窗中的表现往往更加俗丽。即便是本应庄严的宗教活动或信仰活动场所，在闽南地区的门窗装饰上也表现得非常“热闹”。

闽南建筑门窗在具体的表现形式上，也结合了当地的建筑特点，因地制宜表现出多样化的特色。例如，几何图案及吉祥文字的装饰在全国各地门窗装饰上的应用都极为普遍，但一些闽南建筑在应用时采取具有地域特色的装饰风格。比如，在南安蔡氏古民居的传统红砖建筑上，人们对窗户进行简单处理，仅用白石或青石雕成简单的条枳直棂窗，同时在红砖墙面上利用红砖拼花组成各种几何图案及吉祥文字。

这样的做法，一方面结合了闽南红砖建筑的特点，另一方面增大了装饰的面积，提高了装饰性，成为闽南传统建筑营造艺术的一个代表（图1-2-4）。

图1-2-4 吉祥文字——南安市蔡氏古民居

三、地域特色的物化

闽南地区地处福建东南一隅，交通险阻，不仅受中原地区的影响较小，与中原地区的文化交流相对贫乏，且由于地理环境的阻隔，长期以来与福建其他地区间的交流也较少，有着相对独立的文化地位，形成独特的地域文化。不同文化区域之间在门窗形制及装饰风格等方面都有较大差异。门窗装饰作为一种特殊的民俗文化，其传播和使用是普通百姓在生活审美观念上的理解与认可程度的实际体现，切实表达了人们对普通生活的美好寄托，因而更能体现出地区间思想文化的差异。

闽南地区古代环境险恶，门窗装饰中有着大量的厌胜物，其中以狮口衔剑为造型的剑狮图案最有特色。剑狮及其变种图案在门窗装饰中常用于门楣或山墙通风窗位置，在闽南和台湾地区流行。这种装饰的造型与士兵盾牌上的猛兽图案有关，是闽南人尚武习气的一种体现（图 1-2-5）。此外，闽南门窗装饰中大量与海洋有关的内容，更能体现闽南地区的地域差异 (图 1-2-6) 。在闽南门窗装饰中，除了各种海洋生物、船只，甚至西洋人物、西洋钟表等颇能展现闽南地区海洋性特征的装饰，极为常见的被描绘为蓝色的波纹状条纹，本身就极易让人联想到海洋。

图1-2-5　门楣剑狮装饰——台南安平

图1-2-6　海洋生物窗饰——平和县绳武楼

第三节 闽南传统建筑门窗装饰文化内涵探析

一、开放性与保守性共存

闽南是中国海洋文化特色最鲜明的地区之一。闽南地处我国东南沿海，有着海上交通之便，自魏晋以来就是我国对外交流的一个重要基地。特别是闽南地区的泉州，在宋元时期一度成为东方最大的贸易港口，吸引了亚洲各国，乃至欧洲、非洲的许多国家前来经商、定居。同时，闽南大多数地区土地贫瘠，不适农耕，也迫使闽南人向海谋生，形成闽南文化中的海洋人文精神。这种海洋人文精神也体现在居住文化之中，表现为闽南传统建筑门窗装饰的开放性特点。闽南传统建筑与其他地区的门窗装饰艺术产生诸多流动交往，并在这一过程中汲取了各方面的营养来丰富自己。

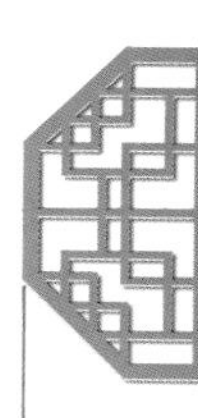

另外，闽南地区地理位置的边缘性决定了闽南传统建筑装饰上的保守性特征。闽南地区两千多年来基本都处于中原王朝统治的边缘地带，汉文化自唐代才随着汉族移民的大规模迁入而广泛传播，当时中原地区已经比较成熟的传统建筑营造技艺也随之传入闽南，并最终发展成独具特色的闽南建筑艺术。基于这样的历史原因，闽南地区形成了乡族观念浓厚、家族组织完善的特点。同乡同族的纽带关系和强烈的中原记忆，既保障了闽南人在恶劣环境下的生存，也在一定程度上限制了建筑装饰技术和艺术的进一步发展。这一点在体现闽南宗族文化的宗族祠堂上表现得尤为明显。

由于这种开放与保守共存的特征，闽南传统建筑门窗装饰在主体上始终保持着较为传统的工艺形式和基本形态，像岭南近代传统建筑中大量应用彩色玻璃（又称红毛玻璃）的情形在闽南传统建筑中并不多见。同时，闽南传统建筑在不过多改变传统工艺的基础上，将许多西洋装饰题材应用于传统建筑门窗装饰上，形成了独具一格的装饰风格。例如，在漳州岳口清代石坊中，有五处镂雕花版上雕有形态各异、活灵活现的西洋人形象，这种在封建王朝为表彰功勋、科第、德政以及忠孝节义所立的牌坊上装饰西洋人物的情形，在国内尚属罕见（图1-3-1和图1-3-2）。又如，深处山坳的华安二宜楼，在三楼一间房门门楣处绘有西洋女子彩绘，更是闽南文化兼具保守性和开放性特点的一个重要体现。

图1-3-1　（清代）漳州市芗城区新华东路石坊雕饰

图1-3-2 （清代）漳州市芗城区新华东路石坊雕饰——西洋人形象

二、宗教化与世俗化融合

闽南地区自古多鬼神巫术，繁荣而杂多的民间宗教信仰是闽南文化的一个重要特征。一方面，由于闽南地区早期开发环境恶劣，人们不得不求告于神灵的护佑，承袭了闽越先民“信巫尚鬼”的传统；另一方面，由于闽南地区在海外交流中的重要地位，佛教、印度教、婆罗门教、摩尼教、景教、伊斯兰教等多种外来宗教先后汇聚于此并产生广泛的社会影响，成为闽南人精神世界和日常生活的一部分。闽南传统建筑门窗装饰中大量宗教元素题材的出现，也成为闽南文化信仰生活的体现。

宗教元素在闽南传统建筑门窗装饰中的应用，多以仙人、瑞兽、法宝等形式出现。其中，佛教、道教元素在闽南传统建筑装饰中的运用极为广泛，如福禄寿三星、和合二仙、麟凤龟龙、佛八宝（法轮、法螺、宝伞、华盖、莲花、宝瓶、金鱼、盘长）、暗八仙（扇子、鱼鼓、荷花、葫芦、宝剑、花篮、横笛、玉板）等，都是最为常见的装饰图案（图 1-3-3）。其他宗教元素也时有体现，如晋江陈埭丁氏宗祠门楣上象征伊斯兰教信仰的吉祥鸟等。不过，这些图案背后的深厚宗教意味往往被闽南人所忽略，大多只是取其吉祥寓意来迎合当地人的心理。

图1-3-3　吉祥主题——平和县绳武楼

闽南人对于各种不同来源的宗教信仰展现出开放性的心态，但在对宗教思想的接受上则表现为充满功利性的世俗化倾向。由于特殊的历史文化背景，“原始信仰与巫术的长期存亡，儒释道三者合一的文化环境，共育了闽南民间信仰的普泛化”[①]。闽南地区的各种宗教被包容性极强、民众根基深厚的闽南民间信仰所吸纳，儒释道神佛共祀已成为闽南民间宗教信仰的一个特别现象。在闽南传统建筑门窗装饰上，杂糅的各种宗教元素被闽南工匠基于实用性而加以选择与塑造，成了单纯祈福禳灾的吉祥象征，更多地体现了闽南人世俗化的信仰需求。

三、主题同一性与风格多样化兼具

吕品田认为：“我们可以将丰富的中国民间美术‘恒常主题’归纳成三种：祈子延寿主题、纳福招财主题和驱邪禳灾主题。这三种主题的功利涵义具有特定的规定性和稳定性。”[②]闽南传统建筑的门窗装饰，显然也是在这一“恒常主题”的涵盖范围之中，而这样的一种特征，也正表现出闽南传统建筑门窗装饰艺术与以中原、江南建筑风格为核心的中国传统建筑门窗装饰艺术间一脉相承的历史溯源。自宋代起，闽南地区已成为占国家主导性的理学思想的发展重镇，有相当多的地方文化精英通过科举走上仕途，进入封建王朝的政治与文化中枢，闽南文化的核心层面上始终与中原文化保持着相当程度的一致。

同时，闽南地区远离中央政府的权力中心，与潮汕、莆仙、闽中、客家等文化区相邻，境内又有以畲族为主的多个少数民族，使其文化中包含有不同质的多种文化因子，从而使得闽南各地间在传统建筑门窗装饰方面表现出不同的风格。闽南传统建筑实用大方，大多因地取材，如闽南沿海的石厝与蚵仔厝，闽南山区的土楼、土堡等（图 1-3-4 至图 1-3-7）。此外，作为闽南传统建筑代表的红砖厝和近代兴起的骑

① 郑镛：《闽南民间诸神探寻》，河南人民出版社 2009 年版，第 13 页。

② 吕品田：《中国民间美术观念》，湖南美术出版社 2007 年版，第 37 页。

楼式建筑也均为闽南地区传统建筑的亮点（图 1-3-8 和图 1-3-9）。在祈子延寿、纳福招财、驱邪禳灾的恒常主题下，异彩纷呈的建筑装饰艺术无疑为闽南传统建筑增添了不同的色彩。

图1-3-4 石厝——晋江五店市

图1-3-5　蚵仔厝——泉州市海华路民居

图1-3-6　土楼——平和县绳武楼

图1-3-7　土堡——漳浦县深土镇锦江楼

图1-3-8　红砖厝——晋江市状元街民居

图1-3-9 骑楼——漳州市芗城区台湾路

在主题同一性与风格多样化的作用下，闽南传统建筑门窗装饰的构思与题材内容的搭配，也往往出人意表。例如，在华安二宜楼十一单元外环三层木挑廊左起第三、四门间，装饰有一幅民国元年所绘的壁画，两旁以行书题有“青山不语花含笑，绿水无声鸟作歌”的对联，但画面内容并非反映楼主人的高雅追求，而是以蟋蟀、萝卜与蟾蜍的谐音取“率头发财”之意。这幅题跋落款为“二宜楼主人笔”的壁画，率直地将楼主人求财的心愿展露出来，在相对文雅的装饰空间中别有意趣。

闽南传统建筑门窗装饰艺术既与中原及以江南建筑为核心的中国

传统门窗装饰艺术一脉相承，又带有闽南人民生活气息浓厚的文化表征，极大地丰富了中国传统建筑门窗装饰的内容，在中国建筑门窗艺术宝库中占有重要的地位。这些装饰风格多样、文化内涵丰富的闽南传统建筑门窗，从一个侧面展现了闽南地区深厚的传统建筑文化沉淀，同时也反映了闽南人在生活审美上的普遍观念。

第二章

闽南传统古厝门窗的意蕴之美

闽南传统古厝是闽南传统建筑中最具生活性的院落式住宅，是闽南人居住文化的主要物质载体，是闽南传统建筑装饰艺术最具代表性的体现。闽南传统古厝分布于历史上闽南地区文化最活跃的地区，门窗作为其装饰的主要位置也多反映出闽南文化独特的审美特性。相对于华丽的宫庙类建筑，作为普通民居的闽南传统古厝门窗装饰反而更能体现闽南人的精神诉求。

第一节　闽南传统古厝门窗的概念

闽南传统民居建筑形式多样，其中最具代表性的就是当地俗称为“厝”的院落式住宅。在土楼获得普遍关注前，闽南传统古厝曾长期被视为闽南传统建筑的唯一代表，如曹春平于2006年所著《闽南传统建筑》一书中的研究，即全部围绕此类建筑展开。从分布上看，闽南传统古厝集中分布在闽南地区历史上经济、文化最发达的区域，是最能承载闽南历史文化的建筑载体。时至今日，闽南传统古厝依然在闽南地区广泛存在，并随着闽南人的迁徙影响到台湾地区的建筑文化，在中国传统建筑宝库中占有不可忽略的地位。

闽南传统建筑以俗丽绚烂为人所熟知，其造型夸张的剪瓷雕、色彩斑斓的水车堵给人们强烈的视觉刺激，往往给人们留下深刻的印象。这一特点虽然在闽南传统宗教建筑或宗祠家庙建筑上表现得非常明显，但在普通民居上则较有收敛。本书将关注点放在闽南传统民居的门窗上，尝试解读闽南建筑文化在追求华丽的表面下更深层次的审美意蕴追求。闽南人将整座房子称为“厝”，本书在名称上也保留闽南语中“厝”的习惯叫法，将闽南地区常见的这类院落式民居建筑称为闽南传统古厝。

闽南传统古厝门窗装饰是闽南传统建筑装饰的重要组成部分。“闽南民居与祠堂的基本布局是两落大厝，两落即两进，指下落（大门）和顶落（正房）”[①]，尤其重视大门的门窗装饰。闽南传统古厝常在前厅正门处内凹一定空间，称为“塌寿”，或将前檐墙后退，形成一个檐下的空间，这两种方式均能有效增加正面门窗装饰的装饰空间。闽南传统古厝的门窗，从类型上可分为板门、垂花门、格扇门、直棂窗、槛窗、横批窗、漏花窗等(图 2-1-1 至图 2-1-22)；从材料上主要分为木作门窗和石作门窗，此外也常见琉璃或红砖制成的漏花窗（图 2-1-23 和图 2-1-24）。门窗的装饰除门窗本身外，还可延伸至抱鼓石、匾额楹联等，同时往往与塌寿和墙面的装饰一起作为一个整体。装饰手法包括木雕、石雕、彩绘在内的多种工艺手法，尤其展现了闽南地区小木作和石作方面的高超工艺。

① 曹春平:《闽南传统建筑》,厦门大学出版社 2006 年版,第 283 页。

图2-1-1　板门——龙海市港尾海澄民居

图2-1-2　板门——南靖县石桥村捍卫楼

图2-1-3　板门——华安县高安厚德楼

图2-1-4　板门——漳浦县诒安堡民居

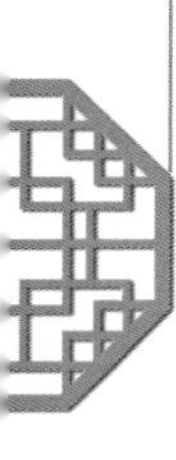

图2-1-5　垂花门——漳浦县湖西畲族乡蓝廷珍府第

图2-1-6　垂花门——南安市蔡氏古民居

图2-1-7　格扇门——华安县仙都镇民居

图2-1-8　格扇门——南安市蔡氏古民居

图2-1-9 直棂窗——龙海市角美民居

图2-1-10 直棂窗——南安市蔡氏古民居

图2-1-11 直棂窗——漳浦县蓝廷珍府第

图2-1-12 直棂窗——龙海市紫泥镇民居

图2-1-13 直棂窗——泉州市蟳埔村民居

图2-1-14 直棂窗——龙海市颜厝洪塘村

图2-1-15　槛窗——泉州市开元寺

图2-1-16　槛窗——泉州市少林禅寺

图2-1-17　横批窗——平和县绳武楼（1）

图2-1-18　横批窗——平和县绳武楼（2）

图2-1-19　漏花窗——晋江五店市（1）

图2-1-20　漏花窗——晋江五店市（2）

图2-1-21　漏花窗——晋江五店市（3）

图2-1-22　漏花窗——厦门市同安文庙

图2-1-23 琉璃漏花窗——龙海市角美东美村民居

图2-1-24 红砖漏花窗——晋江五店市

闽南各地都保存有大量完整的传统古厝，其中南安蔡氏古民居建筑群、漳浦赵家堡、漳浦诒安堡、泉州施琅故宅、龙海林氏义庄、漳浦蓝廷珍府第、晋江亭店杨氏民居、南安林氏民居、南安中宪第、安溪李光地故宅等已被列为全国重点文物保护单位，另有惠安刘氏民居、漳州蔡氏民居、泉州黄氏民居、白礁潘氏民居等十余处省级文物保护单位和众多市县区级文物保护单位。闽南传统古厝是闽南地区历史的一个缩影，这些建筑曾经的主人，既有朝中名宦、南洋富商，也有普通的地方乡绅，曾经的人、物、故事，通过这些古厝传承至今，表现得栩栩如生。总之，研究传统古厝建筑门窗装饰艺术，可以使我们进一步探知闽南人的审美性格（图 2-1-25 至图 2-1-29）。

图2-1-25 闽南传统古厝——南安市蔡氏古民居

图2-1-26　闽南传统古厝——龙海市角美林氏义庄

图2-1-27　闽南传统古厝——漳浦县诒安堡

图2-1-28 闽南传统古厝——漳浦县蓝廷珍府第

图2-1-29 闽南传统古厝——漳浦县赵家堡

第二节　典型闽南传统古厝门窗特点分析

闽南传统古厝的工艺技巧到清代时已较为完善。古厝广泛分布于闽南泉、漳二府，两地传统古厝整体趋同，但在装饰细节上有差异。随着闽南人的迁徙，闽南传统古厝的建筑工艺也随着闽南人的脚步传播到台湾及东南亚各埠。同时，返回闽南的海外归侨也会将新的装饰材料和装饰图案带回闽南地区，丰富了闽南传统古厝的装饰艺术。

一、泉州传统古厝

泉州传统古厝是闽南传统古厝的代表，以官式红砖大厝最为典型，广泛分布于泉州各区县及厦门、金门等地。作为闽南地区儒家教化最兴盛的区域，这里的古厝规模庞大、布局规整、装饰精美，是闽南建筑文化的精粹，从而广受研究者关注。

泉州的红砖大厝是闽南传统古厝的代表，尤其以南安蔡氏古民居建筑群和晋江亭店杨氏民居最为知名。泉州红砖大厝多采用一种名为"烟炙砖"的红砖为建筑材料，红砖表面的黑色条纹通过工匠的精心拼接，在古厝墙面组成有规则的花纹，因而在镜面墙使用简单大方的直棂窗就能带来极佳的装饰效果。直棂窗的材料多为白石，部分直棂窗用青石和白石分别构成窗棂和窗框。装饰更为精巧者，还会利用红砖拼接或雕刻成吉祥图案或文字，在直棂窗外部形成装饰（图 2-2-1）。

图2-2-1　直棂窗装饰——南安市蔡氏古民居红砖砌成的“荔谱传家”文字装饰

正门的塌寿位置是泉州红砖古厝门窗装饰的另一个装饰重点，运用的手法非常多样。由于塌寿的设置，正门与侧门、看埕堵、对看堵往往形成一个装饰整体，门框多为白石制成，门簪常用青石雕刻，个别古厝还设有抱鼓石或门箱石；多数古厝以精巧的红砖拼接或雕刻装饰看埕堵、对看堵，也有一些古厝的看埕堵、对看堵用石材制成，与正门一起形成整面的石制牌楼，更显气派；正门门额常用石材制成，题字中正严谨，部分门额边框雕饰以精美的图案，越高规格的建筑正门门额处的装饰也往往越为华丽；侧门则相对自由，书卷形门额在侧门较为常见（图 2-2-2）。

在装饰题材上，泉州传统古厝中最常用的为吉祥纹样、吉祥文字、八宝器物等简单大方并满含吉祥寓意的图案。此外，戏曲题材的装饰较为常见，多出现在门簪、门额等处。文人书画类也是泉州传统古厝装饰的一大亮点，一般装饰在看埕堵、对看堵等位置，往往体现出房屋主人的文化品位（图 2-2-3）。

图2-2-2　塌寿装饰——南安市蔡氏古民居

图2-2-3　南安市蔡氏古民居的传统装饰

二、漳州传统古厝

漳州地区的传统古厝主要集中分布在龙海、漳浦、长泰等地。相对于泉州著名的红砖大厝而言，漳州地区的传统古厝知名度较小，但更富于多样性的特点。很多人习惯上将闽南传统古厝等同于红砖建筑，这种说法在漳州明显不合适。

漳浦的赵家堡、诒安堡、蓝廷珍府第在当地有“五里三城”的说法，是漳州地区最早入选全国重点文物保护单位名录的传统古厝，是将闽南生土建筑与传统古厝在建筑艺术上融合的典范。赵家堡与诒安堡中的古厝大多以生土、条石为材料，装饰简洁，外窗多采用开口较小的单棂窗或三棂窗。赵家堡中保留有一处残破的花园，尚可见不同形状的漏窗轮廓，在闽南地区较为少见，是早期闽南园林的遗存（图 2-2-4 和图 2-2-5）。蓝廷珍府第在“五里三城”中建造最晚，当地俗称“新城”，为前宅后堡的模式。其门窗精美，是漳州传统古厝的代表之一，以砖花拼接的假窗作为院落间的隔断，极富匠心（图 2-2-6）。

图2-2-4　漳州传统古厝——漳浦县湖西乡赵家堡

图2-2-5　漳州传统古厝——漳浦县湖西乡诒安堡

图2-2-6　漳州传统古厝——漳浦县湖西乡蓝廷珍府第砖花拼接假窗

漳州市区的蔡竹禅故居外部以青黑色为主，整体上也显得更为典雅，正门两侧的花窗镂雕为螭龙纹，该纹式主要见于祠堂或寺庙，在民居中较为少见；内部有几扇石制槛窗，以浅雕石板装饰格心，颇有创意（图 2-2-7）。龙海埭美古民居群的墙面大多刷为白色，门窗本身基本不加修饰，而是在门两侧或窗户上方张贴书写吉祥文字的红色楹联作为主要装饰。长泰珪后古建筑群是漳州地区规模较大的传统古厝民居群之一，其中具有代表性的叶文龙三落大厝是漳州地区红砖大厝的一个代表，但门窗装饰依然极为素朴，远不及泉州地区（图2-2-8）。

图2-2-7　漳州传统古厝——芗城区蔡竹禅故居　　（吉天雄先生提供）

图2-2-8　漳州传统古厝——叶文龙三落大厝

相对于泉州红砖大厝以红砖、青石、白石为主要材料的装饰，漳州传统古厝虽然也以红色为尚，但白色、青色的墙面也极为常见。墙面颜色的自由，也使门窗装饰在色彩的搭配上更加多样，其中以强烈的深蓝色给人留下的印象最为深刻（图 2-2-9）。一些传统古厝将对埕堵饰以红蓝或白蓝两色的图案，或以蓝色为底色装饰以其他图案，达到极为醒目的效果。

图2-2-9　蓝色窗饰——龙海市紫泥镇

第三节 闽南传统古厝门窗艺术的审美意蕴

一、道德世俗化的装饰元素

闽南传统古厝门窗艺术是闽南人自觉将道德伦理世俗化的实践产物，其装饰元素中包含着敦亲睦族的价值观念。闽南传统古厝中最醒目的建筑往往是宗族祠堂，“祠堂是宗族的观念、组织、制度的空间形态表现”，“是宗族本质的表征”。[1]闽南宗族意识不仅体现于祠堂，也渗透在闽南传统古厝的方方面面。

一方面，闽南传统古厝门窗装饰是宗族文化教化功能的体现。在规模较大的闽南传统古厝的门窗装饰中，书法和文人画占到了很大的比重，是装饰美与寓意美的统一。这些题字常以家族文化为内容，或标榜源流、光耀门户，如“锦亭衍派”“荔谱传家”“中宪第”“大夫第”等；或包含价值传承、美德教育，如“培福地”“种德门”“忠孝仁义”“礼义廉耻”等；或直接以古语名谚、箴言警句为内容，如古人诗文、程子四箴、祖训家风等。许多匾额还会留有题写字的留款，暗含了主人的社交活动，对后辈也有启示。此外，闽南传统古厝广泛使用的戏曲题材装饰，也往往能够直观反映出宗族文化的训诫作用（图2-3-1至图2-3-3）。

---

① 郭志超、林瑶棋:《闽南宗族社会》,福建人民出版社2008年版,第59页。

图2-3-1　门窗宗族文化装饰——金门县山后村民居（1）

图2-3-2　门窗宗族文化装饰——金门县山后村民居（2）

图2-3-3　门窗宗族文化装饰——南安市蔡氏古民居

另一方面，闽南传统古厝门窗装饰能够反映礼教等级的差别。在大型的闽南传统古厝群中，不同建筑门窗装饰差异往往能够体现厝主人身份的不同。以正门装饰为例，地位较高的人家门口常设有抱鼓石，其次为较为简单的方形门枕石。门额的用料，以青石为尚，其次为白石，最简单的则用白粉直接在墙上粉刷出矩形的额框。窗棂的选择也同样如此，或为青石雕花，或为青石直棂，或为白石直棂，窗棂数量也有多寡之分。这些装饰差异，使人们对厝主人的身份和地位一目了然，同时也显示了光宗耀祖的自豪（图 2-3-4）。

图2-3-4　正门装饰——南安市蔡氏古民居

二、以儒商为尚的审美理想

闽南传统古厝门窗装饰艺术是体现闽南人对生活追求的重要载体。受到多元文化影响的闽南人，在历史上形成了较为复杂的文化内核，但表现出来的最具代表性的生活追求，莫过于“儒”与“商”的双重身份。《安海志》中记载："濒海山水之区，土田稀少，民业儒商"[1]，即是指出科举与经商是闽南人最重要的生存方式。

闽南地区崇商之气源于其"八山一水一分田"的自然限制，百姓无可耕之田，转而获取渔盐之利，而便利的海外交通也为其提供了便利的条件。而今保存的闽南传统古厝大多为清末侨商所营建，如前文提及的南安蔡氏古民居、晋江亭店杨氏民居分别为旅菲华侨蔡资深、杨阿苗所创。冒鲸波渡海谋生原本不易，在家乡营建大厝也就成了他们光耀门楣、彰显自身财富的主要方式。所以闽南沿海地区，尤其是晋江、南安、厦门、龙海等地保存下大量门窗装饰奢华绚丽的官式大厝，其中也多有采用南洋新式材料和技艺的，极大地丰富了闽南传统古厝门窗装饰艺术（图 2-3-5）。

图2-3-5　龙海市角美东美村番仔楼

① 《安海志》卷三十四"风俗"，1983 年编印，第 390 页。

闽南地区崇儒之风历史悠久，以朱熹过化之地自诩，是理学发展的大本营，即使在明末士人奔竞心学之际，也依然坚守理学之风。许多闽南传统古厝虽然是商人所建，但在文化追求上也颇显书卷气，蕴含着他们对家族后辈的企盼。闽南传统古厝门窗装饰题材在崇尚吉祥主题的同时，一些具有文人元素的装饰也广受人们喜爱，比如书卷形的门额（图 2-3-6）、竹节形的漏窗（图 2-3-7）、雕刻精美的门簪（图 2-3-8 和图 2-3-9）、书法字体的楹联（图 2-3-10）、山水绘画的装饰题材等。至今，这类装饰元素依然在东南亚的闽南华人建筑门窗中得以保存，可见其在闽南人的文化传承中占据的重要地位。

图2-3-6　书卷形的门额——龙海市海澄镇民居

图2-3-7　竹节形的漏窗——龙海市紫泥镇民居

图2-3-8　门簪一对——泉州博物馆藏（1）

图2-3-9　门簪一对——泉州博物馆藏（2）

图2-3-10　楹联——龙海市海澄镇民居

随着经济的快速发展和社会日新月异的变化，闽南人的居住环境已发生很大的改变，闽南传统古厝正在快速失去其作为民居的存在价值。相比之下，闽南传统宫庙建筑作为社区公共空间而在闽南人生活中占据不可或缺的地位，因而受到民间自发性的保护。新建的宫庙建筑不仅保留传统的建筑形制与装饰特点，华丽程度甚至更胜往昔。闽南地区另一类民居建筑——土楼，因入选世界文化遗产名录而得到较高的瞩目，受到较好的开发和保护，吸引着大量来自世界各地的游客。闽南传统古厝则处于一个较为尴尬的位置，然而这些建筑恰恰是最能体现闽南地区居住文化及宗族文化的物质载体。对比闽东地区三坊七巷较为完整的保存状况，闽南传统古厝的保存值得我们反思和重视。

第三章

闽南土楼门窗装饰艺术刍议

福建土楼是闽南传统生土建筑的代表，是中国传统建筑艺术宝库中的瑰宝，与闽南传统砖木建筑共同构成了闽南地区民居建筑的特征要素。由于土楼建筑工艺的特点与要求，其门窗装饰艺术也呈现出别具一格的特征，同时又与闽南地区其他传统建筑形式有着分不开的亲缘关系，使闽南土楼建筑门窗装饰艺术兼具闽南土堡与闽南砖木民居的特点。

门窗装饰艺术是传统建筑装饰的重要部位，能够反映出鲜明的地域特色和浓厚的建筑文化内涵。土楼作为闽南地区传统建筑的重要类型，对于其门窗装饰的研究已经有不少成果。庄裕光主编的《中国门窗》与黄汉民所著的《门窗艺术》，均对福建土楼门窗有所涉及。黄汉民所著的《福建土楼》一书更是土楼研究之佳作，围绕土楼展开了较为全面的探讨。不过相对于土楼在建筑史上的地位来说，其门窗研究的资料依然是十分有限的。本书将在闽南传统建筑研究的视野下诠释土楼门窗装饰艺术，并着重探讨与闽南其他建筑之间的联系。

第一节　土楼在闽南传统建筑中的地位

在闽南传统生土建筑中，以土楼最为知名，也最具代表性。福建土楼中，以分布于闽西的永定土楼最早为外界所了解，以致在较长时间里，媒体宣传都把福建土楼冠以“客家土楼”的名字。直至近二三十年来，分布于闽南广大地区的土楼才进入人们的视野。实际上，闽南地区的土楼数量更多，分布更广，可稽考历史更久。位于华安县的二宜楼，在 1996 年成为最早被列入全国重点文物保护单位的土楼，也说明了闽南土楼所具有的历史价值与艺术价值（图 3–1–1 和 3–1–2）。

黄汉民先生曾为福建土楼作如下定义：“福建土楼特指分布在闽西和闽南地区那种适应大家族聚居、具有突出防卫功能，并且采用夯土墙

图3–1–1　华安县二宜楼　　（曾志鸿先生提供）

图3-1-2　土楼窗饰——华安县二宜楼

和木梁柱共同承重的多层的巨型居住建筑。”[①]闽南地区是福建土楼主要分布的地区，漳州所属的各县区和泉州的安溪、惠安、南安等均有土楼分布，居住者既有闽南人，也有生活在这里的客家人。有学者以居住者所属民系，将土楼大致分为客家人居住的通廊式土楼和闽南人居住的单元式土楼。土楼分布于闽南人与客家人交界的闽西南山区，是闽南文化与客家文化共同影响下的产物。共同的居住环境衍生出相似的居住文化，本书中的闽南土楼，仅以地理分布划分，并不以民系划分。

从目前的文献记载来看，福建土楼大致是从明中叶以来开始大量兴筑起来的。社会环境的恶化带来了御敌保卫乡族的必要，商品经济的发展使土楼的营建成为可能。漳州是土楼最重要的发源地，可见的最早关于“土楼”的文献记载便出现在明代漳州地区的地方志中，现存有明确纪年的明代土楼，基本都在漳州市范围内。始建于明嘉靖三十七年（1558）的漳浦一德楼是始建年代最早的土楼，始建于明万历十八年（1590）的华安齐云楼则是现存最古老的圆形土楼（图3-1-3）。

① 黄汉民:《福建土楼》，生活·读书·新知三联书店2009年版，第112页。

谢重光先生通过文献记载和实物资料的研究，亦提出“土楼之始源在漳州沿海”① 的结论。闽南地区的许多土楼，至今还依然保持着聚族而居的生活方式。

图3-1-3　土楼窗饰——华安县齐云楼　　（申晓伟女士提供）

总而言之，土楼是闽南地区出现并广泛存在的传统民居建筑，是闽南文化的重要载体之一，也是研究闽南传统建筑门窗装饰艺术必不可少的一部分。研究土楼门窗装饰艺术，可以使我们进一步探知闽南传统建筑艺术中包含的艺术与文化特征。

第二节　闽南土楼门窗装饰的特点

一、外部门窗装饰——简单实用，赋有寓意

土楼外立面的门窗装饰以宽大庄重的出檐和不加粉饰的夯土外墙

① 谢重光:《闽粤土楼的起源和发展》,载于《中国国家博物馆馆刊》2007年第1期,第79页。

为背景，决定了其厚重大气的整体风格。闽南土楼通常只有一个大门出入，不过也有一些规模较大的土楼，如二宜楼、齐云楼、顺裕楼（图3-2-1）等，设有边门或后门。例如，齐云楼正门朝北，两个边门一东一西，东门被称为生门，西门被称为死门，嫁女时由生门进出，殡葬时由死门进出，展现了闽南土楼特殊的居住文化。许多土楼在主楼外，还设有配楼、前院、护厝等，以扩充居住空间。但这些边门、后门、院门，不仅在规模上没有正门大，在装饰上更是远不如正门显眼。

闽南土楼以圆形土楼、方形土楼为主，通常对称布局。大门位于土楼中轴线前端，成为土楼外立面最重要的装饰部位（图3-2-2）。土楼大门以石拱形居多，许多土楼大门以花岗石构成内外两个层次的门框，且门洞设置的尺度较为高大。这样的大门外方内圆，不仅在造型上简洁大方，同时花岗石的材质与拱形的结构，也在功能上增强了建筑的坚固性。例如，二宜楼的门洞采用花岗岩砌筑，大门以硬木为门板，外铆铁板；门上方的二楼设有暗室，可以往大门内外泄水漏沙，以阻止敌人的攻门（图3-2-3）。

图3-2-1　土楼窗饰——南靖县顺裕楼

图3-2-2　土楼大门装饰——南靖县顺裕楼

图3-2-3　土楼大门装饰——华安县二宜楼

不过，土楼大门本身的装饰依然是极为简单的，即使如二宜楼这样规模的土楼，其大门除门簪处的雕刻外，基本上看不到什么修饰。粗朴的大门与粗犷的墙身形成风格上的统一，门的装饰则更多通过门的附属部位的装饰来实现。其中，大门上方的楼匾，不管是专门的石刻楼名横匾，还是仅是张贴红纸书就的楼名，对于装饰极少的整个建筑外立面而言都是极为显眼的，同时匾额的内容也赋予了土楼以不同的文化意义。部分土楼门匾的修饰极为华丽，如平和的绳武楼，除门簪处的雕刻外，门楣即门匾四周还雕有五幅寓意吉祥的石雕，隐约尚能看出曾经描有的颜色（图 3–2–4）。

闽南土楼外墙所开的窗洞，也是土楼外部装饰的重要组成。土楼外墙并不预先开窗，窗洞通常是根据需要在房间使用时才开凿，因此许多土楼的窗洞高低大小均不统一。这种不按规律开窗的形式，恰恰使土楼过于简朴的外立面增添了一些活泼的趣味。窗洞的一种典型形式，是内大外小的喇叭状洞口，便于从土楼内向外张望或射击。窗洞边用白灰粉刷边框，勾画出窗洞的边框轮廓，以增加其装饰性。也有一部分土楼，在外墙开直棂式石窗，使土楼外窗更显庄重。

门窗的空间分布也是土楼外部装饰的一部分，同时也是土楼装饰最直观的差异体现。二宜楼为四层双环圆形土楼，其第一、二、三层均不开窗，仅第四层开窗，且大门和窗洞少有装饰，在高大的墙身和巨大的屋檐衬托下，更显出二宜楼建筑的壮阔，如同一座无懈可击的古堡。而同样是四层双环的圆形土楼，南靖的怀远楼大门周围用白灰粉刷，饰以花边，使大门的装饰面积扩大数倍，同时外墙的第二、三、四层均开有窗，部分窗洞也以白灰粉刷边框，门窗搭配之下使怀远楼显得更富生气（图 3–2–5）。

图3-2-4　土楼大门装饰——平和县绳武楼

图3-2-5　土楼大门装饰——南靖县怀远楼　（申晓伟女士提供）

二、内部门窗装饰——繁简有度，精致华丽

土楼的内部空间与外部空间相比，有着较为强烈的反差。相对于土楼外部如同城堡一样封闭的视觉体验来说，土楼内部则是一个热闹拥挤、承载众多人口的居住空间。大型土楼甚至内部设有数百个房间，可容纳上千人居住。由于外墙窗洞较小，土楼内部门窗有着保障房屋通风和采光的重要功能。土楼内部门窗以木构的直棂窗、鲎叶窗为主，开向内院采光，形成向心的布局，同时也可以使土楼在采光上“具有良好的生态适应性能”[①]。有些规模较大的土楼还会在内院建有矮墙形成小的院落，设有漏窗等以丰富空间。整体来说，土楼内部建筑除以土楼外壁的夯土墙为一面承重墙外，其他构造与闽南传统的砖木建筑民居较为类似，门窗结构也是如此（图 3-2-6）。

---

① 袁炯炯、陈沂、赵红利：《福建圆形土楼光环境的生态适应性》，载于《华侨大学学报（自然科学版）》2012 年第 5 期，第 572 页。

图3-2-6　土楼内饰——平和县绳武楼

土楼内部门窗装饰讲求繁简有度，楼内周边房屋往往整齐有致，中心的厅堂在其拱护下备显华丽。中心厅堂是土楼内部空间装饰的核心，常作为祖堂和家庭议事的场所，有时也兼有书斋的用处。郑振满先生研究指出，“无论是圆形的土堡还是方形的土堡，其中央的厅堂，都是土堡内最显赫最神圣的场所”[①]。这里所说的土堡是连土楼包含在内的。闽南民居布局主次分明，作为聚族而居建筑的代表，土楼通过对厅堂的突出，向族人强调血缘观念，是非常有助于土楼内部的团结与协作的（图 3-2-7）。

土楼内部门窗多为木构，其装饰以木雕、彩绘为主，此外也有部分采用石雕、灰雕、砖雕的。闽南土楼门窗装饰，以华安二宜楼、平和绳武楼最为突出（图 3-2-8 至图 3-2-10）。华安二宜楼拥有大量木

① 郑振满：《近五百年来福建的家族社会与文化》，中国人民大学出版社 2011 年版，第 186 页。

图3-2-7　中央厅堂——平和县绳武楼

图3-2-8　土楼内窗饰——平和县绳武楼

图3-2-9　土楼内饰灰雕——平和县绳武楼

图3-2-10　土楼内窗饰——华安县二宜楼（1）

雕、彩绘，且内容极为丰富，花卉、山水、人物等传统题材均有体现。不过，其中最引人注目的还是三楼一间房门门楣处绘有的西洋女子彩绘，此外还有多间房屋门楣绘有不同时间的西洋钟彩绘，为深山中的土楼增添了异域情趣（图 3-2-11 和图 3-2-12）。平和绳武楼在众多土楼中以装饰华丽而著称，门窗木雕达六百多处，花式众多，精美绝伦，无一雷同。土楼内每一独立单元的住屋格局基本相同，门窗形式一致，

图3-2-11 土楼内窗饰——华安县二宜楼（2）

图3-2-12 土楼内窗饰——华安县二宜楼（3）

精雕细琢、各不相同的木雕彩绘成为实现家居环境装饰多样性的主要途径（图 3-2-13）。

闽南地区土楼众多，像二宜楼、绳武楼这样装饰华丽的土楼还属少数；但贴红纸描写门联，是大部分土楼门窗都会采用的装饰。大红色的贴纸与土楼建筑本身灰暗的色调相对照，本身已经形成画面色彩上的强烈对比，使厚重的土楼在给人的整体形象上增加了活跃的氛围。这与在土楼外墙，以白灰在大门或窗洞四周粉刷出的白色边框，与墙身的土黄色相配搭的效果是类似的。值得一提的是，不管是土楼大门还是居室门的装饰中，门神这一广泛出现于各地的装饰画并不常见，人们更喜欢用红纸写一些寓意吉祥的内容来代替。

图3-2-13　土楼内窗饰——平和县绳武楼

第三节　土楼与闽南其他传统建筑门窗装饰的联系

土楼对防卫功能极为重视的特性，使其在传统民居建筑中占有非常特殊的地位，但我们依然发现土楼与闽南传统建筑间的联系。从建筑门窗来看，土楼大门的造型与其他闽南传统民居大门的样式差距甚大，却与闽南土堡的大门较为相似，显示了土楼与土堡间的关联。黄汉民认为福建圆楼的根在漳州，并笼统地提出了一条圆形土楼的发展途径，即“从城堡、山寨到圆楼的发展是漳州特定历史、地理环境的产物”①。

细比较而言，与土楼最为相近的当属明代福建广泛出现的家堡合一式的土堡。云霄的菜埔堡是漳州保存较好的一座明代土堡，是典型的家堡合一式土堡，堡内居民的房间依傍着土堡的内墙结构挨次建造。从黄汉民先生给出的土楼定义来看，菜埔堡与土楼的差距已经非常小了。从围城式的土堡到家堡合一式的土堡，再到成熟的土楼，是闽南地区以家族自卫为目的的土堡土楼建筑不断发展和选择的结果，土楼大门和窗洞的建筑式样可以说正是兼具防御功能和居住便利的最适选择。

土楼内部门窗装饰与闽南传统砖木建筑基本相同，这同样是由土楼与闽南传统砖木民居的紧密联系决定的。土楼从一定程度上来说就是土堡与传统砖木民居相结合的一种建筑形式。闽南习称传统砖木建筑民居为“厝”，楼与厝关系的多样分布也是土楼建筑非常值得关注的一个方面。在漳浦赵家堡中，楼与厝都被包围在一座周长逾千米的土堡中，三层方形土楼完璧楼位于整个赵家堡一隅，俗称内城，在土堡正中则是五座并列的大厝（图 3-3-1）。平和县的庄上城则直接用规

① 黄汉民：《福建土楼》，生活·读书·新知三联书店 2009 年版，第 302 页。

模庞大的方形土楼代替土堡，楼内西半部为土丘，东半部为民居和祠堂，整个土楼就相当于一个村落。南靖县的怀远楼，在正中的厅堂建有充当宗祠功能的大厝，形成楼中有厝的布局。南靖和贵楼除正中的祖堂外，还在主楼前方设有由厝三面围成的前院，并流传下这样的俗语："厝包楼儿孙贤，楼包厝儿孙富。"（图 3–3–2）楼与厝构成了土楼居民的居住空间，从建筑艺术和经济实用上来看，以厝和土堡接合的土楼都有更大的优越性（图 3–3–3）。

图3–3–1 漳浦县湖西安乡赵家堡

图3–3–2 土楼装饰——南靖县和贵楼

图3-3-3 楼包厝——《大地奇观》 （蓝达文画作 2014年 水墨）

随着清中叶以后，闽南许多地区受战争和盗匪的威胁降低，土楼自卫御敌的意义也开始大大下降，但其建筑艺术依然为人们所喜爱。漳浦的日接楼是土楼与闽南砖木建筑结合的又一典范。日接楼位于清福建水师提督蓝廷珍的府第，落成于雍正初年，是土楼被包围在砖木结构府第建筑中的一个特例。蓝廷珍提督府第中轴线呈五落对称分布，前三落为五间张三落双护厝，是漳州地区大厝的典型布局；第四落则为高两层的土楼，门上石匾书有“日接楼”三字（图 3-3-4 和图 3-3-5）。土楼内部现已圮毁，但从挺立的外墙依然可以想见当时的宏大。土楼窗户很小，形制与前部大厝保持一致，使用条石砌成直棂窗。作为蓝廷珍府第的一部分，日接楼本身完全融入了蓝廷珍府第建筑群，与前三落逐级递增，使整个建筑群看起来更加壮观。

图3-3-4　门饰——漳浦县蓝廷珍府第日接楼（1）

图3-3-5　门饰——漳浦县蓝廷珍府第日接楼（2）

闽南土楼是在特殊的历史条件与地理环境下形成的建筑形式，是闽南家族组织生活在居住文化上的一个体现。闽南土楼融合了闽南土堡与闽南砖木民居的建筑形式，同时也继承了两者包括门窗装饰艺术在内的建筑艺术，形成自己独特的风格。而今，土楼所具有的军事防御功能已经成为历史，但土楼独特的外形和外闭内开的建筑模式已成为当今设计者们借鉴的源泉。

第四章

闽南传统宫庙建筑门窗装饰特点与文化内涵

闽南传统宫庙建筑是闽南传统建筑中最具代表性的一类，在闽南地区数量大、分布广、种类多、装饰丰富，是最能反映闽南人精神生活的物质载体。由于闽南地区在历史与地理方面的独特条件，来自中原地区的儒、释、道文化和来自海外的婆罗门教、摩尼教、伊斯兰教文化在闽南地区交融，反映在宫庙建筑的门窗装饰上，最终形成了以闽南地域文化为主体，吸引多元文化装饰元素，和而不同的闽南传统宫庙建筑门窗装饰大观。

第一节　闽南宫庙建筑在闽南地区的广泛分布

闽南地处我国东南沿海，位于海上丝绸之路的中心要道，长期是东西方文明交流的重要纽带。历史上，大批中原移民通过历代不断向闽南迁徙，带来了先进的中原文化，使闽南地区长期受儒、释、道三学的熏陶浸染。同时，便利的海外交通也使多种域外文明在此与中原文化接触，使闽南成为海内外多种宗教文化汇集之地。

多元文化的不断碰撞、交融，形成了闽南地区鲜明的地域性文化，并造就了闽南人鲜明的精神特征，闽南传统宫庙建筑则是闽南人精神的依托产物。儒学是中华文明最鲜明的特质，也是闽南文化的核心组成，尤其是宋代以后，闽南作为朱熹过化之所，更成为理学发展的重要阵地，故有“海滨邹鲁”之誉（图 4-1-1）。至今闽南地区依然保存有文庙十余座，其中包含四处全国重点文物保护单位和五处省级文物保护单位。广泛存在于闽南各地的文庙，可以说就是儒学教化对闽南社会影响的一个象征。

图4-1-1　诏安武庙

除代表正统思想的儒学外，闽南地区宗教与民间信仰的繁荣，更能彰显当地居民的精神诉求。“闽南地区因特殊的地理环境与历史人文因素，自古宗教文化极其兴盛，具有宫庙多、神明多、信众多的显著特点。”[①]如今，闽南地区的佛教、道教与民间信仰相结合，已成为闽南人社会生活和民俗活动中不可分割的一部分，婆罗门教、摩尼教、伊斯兰教也都在这片土地上留下了足迹。泉州因保存有开元寺、清净寺、天后宫、晋江摩尼草庵、安海龙山寺、惠安青山宫、安溪清水岩等一批重要传统宗教建筑，而被誉为“世界宗教博物馆”。

这些在闽南地区林立着的不可胜数的传统宫庙建筑是闽南人精神生活的载体，是闽南人向神灵祈福避灾的场所。这些宫庙建筑的规格差异极大，其建造时间从宋代直至现代，规模宏伟者形同宫殿，简单者则如同乡间小舍。但不管规模如何，其建筑装饰往往都极为华丽，是闽南传统建筑装饰艺术最为集中和最富有表现力的场所，最能充分反映该地区的建筑文化和地方特色。林林总总的宫庙建筑，也成为闽南传统建筑典型门窗风格的最好体现。现存闽南传统宫庙建筑的门窗按制作材料可分为石作门窗和木作门窗两类，装饰手法以木雕、石雕、彩绘等为主，具体表现在每类传统宫庙建筑上，则既有共通之处，又各有特点。

总而言之，宫庙建筑是闽南地区广泛存在的传统建筑类型，是最能代表闽南广大民众心灵需求的重要载体，也是研究闽南传统建筑门窗装饰艺术必不可少的一部分。研究传统宫庙建筑门窗装饰艺术，可以使我们进一步探知闽南传统建筑艺术中包含的艺术与文化特征。

---

① 林殿阁:《漳州民间信仰》,海风出版社 2005 年版,第 10 页。

第二节 典型闽南宫庙建筑门窗特点分析

闽南宫庙建筑包罗众多，承载了各个阶层、不同信仰的闽南人在精神上的寄托。各类传统宫庙建筑的门窗装饰，在题材、形式和艺术特点上各擅胜场，一同构成了丰富多彩的闽南传统宫庙建筑门窗装饰艺术。

一、官式祠庙建筑

文庙作为古代用于推广儒家教化而兴建的重要建筑，布局规整，是闽南地区官式祠庙的典型代表。泉州府文庙是我国东南地区现在规模最大的文庙建筑群，其大成殿采用重檐庑殿顶结构，是传统建筑最高规制的象征。泉州府文庙大成殿面阔七间，当中三间采用六扇四抹头隔扇门隔断，稍间减为四扇，尽间不开窗，改以麒麟图案石雕与八卦图案砖雕来装饰墙面，使整座建筑在庄重之中又富于变化。隔扇的身堵采用水波纹格心，四周以绿色和白色线条描边；顶堵虽作起凸处理，但中心未加雕刻，仅在堵板四周刷白漆作底，同样以绿色和白色线条描边；至于裙堵，全然不作修饰。虽然隔扇装饰极为简单，但整体来看，简洁内敛的隔扇与深远舒缓的出檐极为协调，隔扇顶堵的简单处理又成为建筑屋檐至墙体的完美过渡（图 4-2-1）。

除泉州府文庙外，闽南地区其他文庙的大成殿均采用重檐歇山顶结构。其中，漳州府文庙是闽南地区另一座府文庙，其大成殿保存完整，面阔五间，采用四扇五抹头直棂隔扇门隔断。隔扇几乎不加修饰，古朴严整，仅在眉顶花格窗处用十字海棠纹样式来表现变化。漳浦县

文庙大成殿与漳州府文庙结构相仿，但隔扇的格心采用亚字纹图案。安溪文庙大成殿面阔三间，采用六扇四抹头直棂隔扇门，顶堵透雕以吉祥纹样。平和、同安、永春、惠安四县文庙也保存较完好，形制基本相似。此外，闽南各地大成门均采用官式建筑板门，表面以一排排的门钉装饰，作为礼制之象征（图 4-2-2）。

图4-2-1　官式祠庙建筑——泉州市文庙　　　　（康琳斐女士提供）

图4-2-2　官式祠庙建筑——漳州市文庙

二、官式寺庙建筑

如果说文庙是闽南官方祠庙的代表，以泉州开元寺、漳州南山寺等为代表的佛教丛林建筑，则是闽南地区官式寺庙建筑的代表（图4-2-3和图4-2-4）。“中国的佛教由于封建统治者的重视与提倡得以广泛传播”“也因此佛教寺庙通常比民间世俗建筑更为华美庄重”。[①] 由

图4-2-3　官式寺庙建筑——泉州市开元寺

图4-2-4　官式寺庙建筑——漳州市南山寺

① 黄汉民:《门窗艺术》（上册），中国建筑工业出版社2010年版，第180页。

于各种历史文化因素，闽南地区现存佛教寺院比道教宫观在规模上明显更加宏伟，其中以泉州开元寺规模最为壮观。泉州开元寺始创于唐代，历代多有重建，是福建地区规模最大的佛教寺院。其代表建筑除开元寺东、西塔外，还包括明清时期所重建的以天王殿、大雄宝殿、甘露戒坛、藏经阁等为主体的中轴线建筑。

其中，泉州开元寺大雄宝殿为重檐歇山顶结构，面阔九间，当中五间采用四扇四抹头隔扇门隔断，东西尽间、稍间为槛墙花窗。隔扇的格心采用闽南地区特有的螭虎团炉纹，顶堵则以活泼的花草纹样装饰。槛窗采用圆形花格窗造型，内为葫芦铜钱纹棂花，外部四隅雕蝙蝠纹样，两侧直窗同样使用螭虎团炉纹。开元寺隔扇与槛窗均采用雕彩结合的方式，用色以黑色为主，显得尤其庄严神圣。隔扇门外侧还装有腰门，形式简易，以素平的竖棂条组成，在实现梳门的功能性外，也使门窗的视野深度增加（图 4–2–5）。

图4–2–5　窗饰——泉州市开元寺

闽南地区其他规模较大的佛教丛林，建筑门窗装饰的形式基本与泉州开元寺相似。漳州南山寺、泉州崇福寺、泉州承天寺的大殿均面阔五间，当中三间采用四扇隔扇门隔断，尽间为槛墙花窗。南山寺门窗装饰多用博古卷草纹样，用色绚丽（图 4-2-6）。而泉州地区的寺院如崇福寺、承天寺在装饰图案上与开元寺较为类似，但崇福寺槛窗与顶堵在用色上以金色为主，另有一种庄严感。

图4-2-6　窗饰——漳州市南山寺

三、民间宫庙建筑

相对于以文庙为代表的官式祠庙和以大型丛林为代表的官式寺庙而言，遍布闽南地区的民间宫庙更加深入人们的生活，其形式也更加多样，是闽南地区民间信仰繁荣的一个重要见证。民间宫庙对于闽南民间社会而言，兼有着公共活动场所的性质，分布广泛，可以说是村村皆有庙。闽南地区的大多数传统民间宫庙，以三开间两进悬山顶建筑为主殿，前厅后殿，配有厢房，并于庙前设戏台。这些民间宫庙的建筑规模虽然不一定很大，但雕刻往往极为精致。材料上则多是因地制宜，如惠安青山宫的门窗以精美的石雕装饰，华安南山宫则采用精致的木雕花窗（图 4-2-7 和图 4-2-8）。

图4-2-7　民间宫庙建筑——惠安市青山宫

图4-2-8　民间宫庙建筑——华安县南山宫

民间宫庙中也有规模极为宏大的，如祭祀保生大帝的厦门青礁慈济宫与龙海白礁慈济宫。两座慈济宫主体建筑均为三进式砖木建筑，分前、中、后三殿，通过两侧廊庑连通。整个建筑内部基本不设内隔墙和隔扇，保证视线的通达，在紧密相连的殿堂间扩展了视觉空间，同时不断抬高的基地山势又赋予了建筑纵深感和层次感（图 4–2–9 和图 4–2–10）。与之相应的，两座慈济宫在前殿均采用双排柱大进深前柱廊，形成了一片完整的闽南石雕门窗艺术展示区。两宫的石雕花窗均可称得上是精美绝伦，题材多样，且有作上色处理，在其他宫庙建筑中较为少见（图 4–2–11 和图 4–2–12）。

图4–2–9　民间宫庙建筑——厦门市青礁慈济宫

图4-2-10　民间宫庙建筑——龙海市白礁慈济宫

图4-2-11　窗饰——厦门市青礁慈济宫

图4-2-12　石雕门窗装饰——龙海市白礁慈济宫

门神画也是闽南民间宫庙最显著的装饰内容之一。文庙的大成门或大型丛林的山门常采用板门，并在门上装饰以门钉来象征地位。民间宫庙则不然，以各类门神画为题材的彩绘成为其装饰板门的主要方式。其中，武官门神、文官门神最为常见，内容以神荼郁垒、秦琼敬德、天官赐福等形象居多。此外，还有一些宫庙的门神采用太监、宫娥形象，“以太监为门神的，通常见于神格较高的庙宇”[①]，闽南地区仅有供奉保生大帝的青、白礁慈济宫和供奉开漳圣王的云霄威惠庙等少数庙宇使用这类门神。

四、其他宗教建筑

闽南地区海路交通发达，除传统的儒、释、道文化外，还受到多种海外宗教的影响，并保留下众多建筑。其中，以伊斯兰教的泉州清净寺和摩尼教的晋江草庵寺最具代表。晋江摩尼草庵是世界唯一保存

① 殷伟、程建强：《图说民间门神》，清华大学出版社 2014 年版，第 182 页。

完整的摩尼教遗址，相传始创于南宋初年，初为草筑，元代改建为闽南石构单檐歇山顶式建筑。摩尼草庵正门为四扇四抹头直棂隔扇门，漏窗的样式为普通的白石条枳窗，此外墙上还开有一些琉璃花窗用来通风，装饰均极为简单。摩尼草庵的整体外观与闽南地区多数民间宫庙无异，在较长的时间里也一直被认为是一般性的民间信仰宫庙（图4-2-13和图4-2-14）。

泉州清净寺现存主体建筑中的明善堂建于明代，自清初奉天坛大殿倒塌后就是清净寺的礼拜殿（图4-2-15）。作为伊斯兰教礼拜大殿，明善堂采用了两进三开间的传统闽南大厝形式，正面统一采用四抹头直棂窗的隔扇门隔断，不使用任何图案，同时在木作构架上用植物纹饰雕画，颜色较为统一。其在各入门顶头部位，则装饰有阿拉伯纹饰，显示出其宗教神圣的气氛，是闽南传统建筑风格与伊斯兰元素融合的一个典范。

图4-2-13　摩尼教建筑——晋江市草庵寺

图4-2-14 晋江市草庵门饰

图4-2-15 泉州清净寺门窗装饰 （薛潇颖女士提供）

第三节　闽南传统宫庙建筑门窗艺术文化内涵分析

一、闽南地域文化的审美趣味反映

传统建筑是文化发展的物质载体，也是文化在社会生活中的反映，更是古代人民在劳动中的创造实践。闽南文化在形成和完善的过程中，不断吸引不同文化的特征和元素，作用在闽南地区的文化土壤上，最终形成了一套独特的艺术理念和审美趣味。因此，闽南传统宫庙建筑虽然包罗众多，但总体上还是表现出两个共同的特征。

一是以天人合一为核心的建筑艺术理念。中国传统建筑有风水之说，即强调人文建筑与自然环境的和谐统一，反映在文化信仰方面，则如儒家所言的“天人合一”，或道教所说的“道法自然”，或佛教的“四大和合”。因此，闽南传统宫庙建筑在选址用料及装饰艺术等方面，依存于闽南自然环境，服务于闽南乡土社会，体现于闽南人文精神，整体上表现出良好的统一感，无处不彰显着人文与环境的有机结合。

二是以俗丽绚烂为核心的艺术审美趣味。闽南文化对宗教信仰具有较强的兼容性，其背后的核心是其“好巫尚鬼”的传统，因此各种文化信仰进入闽南地区后总是会被当地人们所接受。闽南民俗中包含着多种酬神活动，华丽而热闹的装饰往往被视为对神祇的尊敬。所以在闽南传统宫庙的建筑中，营造者往往在门窗装饰上费尽心思，以寄托求吉避灾的愿望。

二、多元文化交融的装饰元素应用

闽南文化在形成过程中不断吸收、融合不同文化的特点。在中原文化传入前，闽南地区普遍流行各种原始宗教文化，成为闽南宗教文化发展的基础；六朝以后，儒、释、道文化随着中原移民的不断南迁传入闽南，与当地文化相适应形成闽南宗教文化的主体；宋元以后，以婆罗门教、摩尼教、伊斯兰教为主的外来宗教随着海上丝绸之路来到闽南，进一步丰富了闽南宗教文化的内涵，最终形成闽南地区多元宗教文化交融的格局。

儒学与各种宗教文化不仅作用于闽南人的精神生活，更是闽南地区的文化、审美、民俗等方面的根基与血脉。多元文化交融的闽南地区，在传统宫庙建筑的门窗方面自然也就展示出不同文化装饰元素的借鉴应用。尤其是儒释道文化在中国历史上经历了长时期的文化交融，在闽南传统宫庙建筑门窗装饰上表现得非常充分，如漳州南山寺大雄宝殿外的格扇采用文房四宝的图案装饰，青、白礁慈济宫在装饰中应用了佛教的飞天及神兽青狮、白象图案，代表佛教的佛八宝图案和代表道教的暗八仙图案也常出现在各类宫庙建筑中。

三、和而不同的传统宫庙建筑大观

闽南传统宫庙建筑受到多种文化元素的影响，形成了较为复杂的文化内核，包含了突显多层次性的人文精神，使闽南宫庙建筑门窗装饰在风格上表现得丰富多样。从分布地域上来看，泉州地区的宫庙建筑门窗装饰风格更为精美，尤其是惠安、安溪一带在石雕方面极富表现力；漳州地区的门窗装饰风格较为朴素，但诏安、东山一带受潮汕影响，在木雕方面装饰较为繁复。漳州地区宫庙建筑的隔扇以五抹头隔扇为主，泉州地区宫庙建筑的隔扇以四抹头隔扇为主，且条枳拼接式格心较漳州更多见（图 4-3-1）。

图4-3-1　窗饰——龙海市白礁慈济宫

从宫庙类型上来看，以文庙为代表的官式祠庙作为礼制思想在闽南的重要承载体，在门窗形制上非常严格，表现出闽南传统建筑中少有的庄重严肃。以大型丛林为代表的官式寺庙既突显宗教的庄严神圣之感，同时也兼顾闽南信众的求吉心理。泉州清净寺受伊斯兰教影响，在采用闽南传统建筑为载体的同时，在图案的选用上只以几何纹样和植物纹饰为主。广泛存在于闽南各地的民间宫庙，则极尽闽南工艺装饰之能，以多样的装饰内容和夸张的造型风格反映出闽南民俗信仰的活力。但不管是哪类宫庙建筑，其门窗装饰上又不超出闽南宫庙建筑门窗装饰艺术的范畴，构成了和而不同的闽南传统宫庙建筑门窗艺术大观。

在经济全球化与文化多样性矛盾的今天，传承悠久的文化往往表现得极为脆弱。随着人们生活习惯的改变，现代化的高楼大厦取代传统的闽南民居建筑，已成为时代发展必然的进程。但作为闽南人民俗生活的不可缺少的载体，传统闽南宫庙建筑依然在闽南人生活中扮演着重要的角色。受闽南传统文化信仰的影响，对于闽南人来说，传统宫庙建筑的形式才是建立人神沟通的必要通道，闽南地区重修重建宫庙建筑时依然会尽可能地保留传统建筑形制与装饰特色。因此，富有生命力的宫庙建筑将是我们保护与传承闽南传统建筑文化时应加以把握的关键内容。

第五章

闽南传统建筑门神装饰艺术

第一节　闽南民间木版年画门神装饰

一、闽南民间木版年画概述

民间木版年画是我国的传统美术，内容极其丰富多样，是平民百姓所喜爱的题材，反映劳动人民的民俗习惯、思想情感以及嫉恶扬善的精神。民间木版年画是民族文化的一个主要组成部分，不只是民间艺术的表现形式，更是与整个民族心理和审美息息相关的大众文化。年画的题材广泛，种类较多，表现手法多样，印制工艺精湛。各地的年画虽有共同的寓意，但其表现手法不尽相同。漳州民间木版年画作为我国富有代表性的年画之一，历史悠久，源远流长，其独特的装饰手法具有很高的艺术价值。

由于我国地域辽阔，多民族共存，各民族间的生活条件以及风俗习尚不尽相同，因此出现了各地区年画不同形式的艺术风格。我国众多产地的民间木版年画装饰风格大体上可分为两大类：一是以天津杨柳青、江苏桃花坞年画为代表的写实细腻风格，其表现手法以写实为主，形象优美，雕刻细腻精致，设色清新淡雅、亮丽雅致，富有“城镇风格”。二是以四川绵竹、河南朱仙镇为代表的夸张粗犷风格，其画面形象夸张，线条粗壮有力，刀法粗犷，富于金石味，设色大红大绿，是强烈适合广大农民欣赏的“农村风格”。

闽南地区背靠群山，面临大海，对望宝岛台湾，气候温和，为亚热带湿热海洋性气候区，四季如春。九龙江、晋江又为闽南带来了富饶的平原地带，使闽南地区成为一个稻香鱼肥的“天然大温室”。历史上，中原百姓因战乱等多次大规模南迁入闽，带来了中原地区的政治、经济、文化艺术及风俗习惯。宋元时期，闽南逐渐发展为中国经济文化的一个重点，成为中国参与海外贸易最重要的区域之一，泉州港、漳州月港、厦门港先后成为重要的对外贸易港口（图 5-1-1）。明末以

图5-1-1　漳州古月港　（林瑞红先生提供）

后，下南洋垦殖、经商致富成为闽南人发家的一个重要方式，带动了闽南城镇化的进程。因此，闽南地区的民间木版年画既有“城镇风格”的秀丽、精致，又有“农村风格”的粗犷、夸张，同时兼带东南沿海本土古朴、神秘的闽南装饰风格，形成了独特的装饰性特征。

民间木版年画在闽南地区的盛行与当地人们的节庆习俗息息相关，闽南地区一年四季的民俗生活中，到处都有民间木版年画及有关木版印刷品的身影。如过年时于门楣贴挂五福临门之“太极八卦”或“剑狮”，都是正方形的红纸，以黑色线条加添蓝、蛋黄等色的木版雕印，正是辟邪驱魔的意思。或于正门门扉，右贴“神荼”或“加冠”，左贴“郁垒”或“晋禄”，这些门神年画在民间有着辟邪驱魔的象征，庶民沿袭贴之，藉以得到心安，期酿成新年欢乐的气氛。在门的两边贴对联，或有些图案化的字体版印“凤毛麟趾”“鹤寿龟龄”，每字配合八仙神像，也算是年画。

明、清时期是我国民间木版年画发展的高峰期，闽南地区也不例外。明、清两代，闽南民间木版年画愈见繁荣，专业从事民间木版年画制作的作坊越来越多，泉州、漳州两地都出现了风格多样、品种繁多的民间木版年画作品。漳州的“曲文斋”“多文斋”是可查较早的民间木版年画作坊，清代以后较大的民间木版年画店还有“裕太”“洛阳楼”“崇文”“锦文”等，泉州较为有影响的年画作坊则有“美记”“裕德”“泉兴”等店号。这些店铺有的是书坊兼营木版年画，有的是专门经营民间木版年画的作坊。这些店号所经营的民间木版年画，不仅在闽南地区发行，还大量销往省内其他地区，以及浙江、广东、海南、台湾，甚至是南洋各国。

近代以来，社会动荡加剧，至民国时期，泉州民间木版年画仅剩两家，漳州则由颜氏家族对漳州民间木版年画作坊进行赎买兼并，并对各家的雕版进行全面的收购整理，成为当时规模最大的民间木版年画作坊。清道光年间，颜廷贯与其胞弟颜神福以“锦华堂”店号开始进行民间木版年画作坊的经营。后来又经历颜腾蛟和颜永在、颜永贤兄弟两代人的经营，降及清末，颜氏家族的民间木版年画经营已经颇有规模。颜永贤之子颜镜明兄弟七人接掌颜氏家族的木版年画生意后，不断扩大经营，至20世纪40年代时达到鼎盛，其作坊占地面积上千平方米，年销售量超过十万张。

抗日战争之后，由于现代印刷技术的强力冲击，传统民间木版年画开始走下坡路。“文革”期间，藏版受到一定程度的破坏，再加上人们生活方式的转变，传统民间木版年画逐渐淡出人们的视野。泉州民间木版年画的雕版在“文革”期间毁坏殆尽，现仅有极少数的印品还存于世上。漳州民间木版年画在颜镜明、颜文华父子的努力下，保存下了两百多块珍贵雕版；但随着民间木版年画市场的衰微，他们也都不再从事这一行业。

我国民间木版年画门神的装饰手法大多粗犷单纯，率真明快，简明大方，在造型方面，变形非常大胆，人物都被压扁，头部大而身体粗圆，呈福态憨相；在色彩装饰方面，多用鲜艳的原色和强烈的补色对比，具有醒目的效果；在情调方面，具有淳朴健康的装饰美感。

民间木版年画门神作为装饰性艺术共有两方面的功能：一方面它以优美和谐的视觉形象领人赏心悦目，另一方面它以深刻的意蕴和诚挚的情感震撼人们的灵魂。装饰性艺术有着想象的构思，自由的构图，变形的手法，简洁的造型，明快的色彩，平面化的处理，优美的艺术形象。装饰性艺术手法充满了想象和神奇，在富有装饰性的民间木版年画门神中艺人的想象不受自然物理规律的束缚。

二、漳州民间木版年画门神题材丰富

漳州民间木版年画中的门神画是闽南民间木版年画的代表，以神灵、佛道为题材的门神画为主。门神画在我国民间美术种类中历史最为悠久，起源于远古时期人们对自然界气候变化和地球自转形成、昼夜晨夕的现象缺乏认识，及原来各种神灵护卫和宗教信仰的盛行，成为民众信仰习俗，奠定了门神画发展的基础。漳州民间木版年画的门神画主要有五种类型。其一为将军型，最为常见，以将军形象镇守门户，大多贴于宅院大门，代表性的有秦叔宝、尉迟恭（图 5–1–2）以及神荼、郁垒（图 5–1–3）的组合，年画中的将军披金盔金甲，手持金锏金爪一类武器，相貌多为浓眉虎目，威风凛凛，尽显英豪；其二为福神型门神，以福禄寿三星、财神、天官等象征福禄繁荣的神灵为主要造型，代表性的如“招财进宝”“天官赐福”“福禄寿禧”“加官进禄”“四星拱照”“财子寿”等题材（图 5–1–4）；其三为天仙型门神，与福神型类似，但以女仙造型为主，主要有“天仙送子”“天女散花”“麻姑献寿”等题材 (图 5–1–5)；其四为童子型门神，以仙童为主要形象，多用以象征家丁兴旺，常见的题材有“连招贵子”“百子千孙”“春招财子”等（图 5–1–6 至图 5–1–10）；其五为辟邪祈福型门神，以狮虎等瑞兽为主要形象，如“狮头衔剑”“八卦、姜尚在此”等题材，大多在逢年过节时贴在门额上以驱灾辟邪（图 5–1–11）；此类年画一般规格较小，大多张贴在门格，如“梅花福”“五虎衔钱”“魁星春”图等（图 5–1–12 和图 5–1–13）。这几种类型的门神画，均有招福纳财、辟邪护宅的功能，充分体现了漳州广大人民群众祈盼幸福生活的朴素思想。

图5-1-2　漳州民间木版年画门神——秦叔宝尉迟恭门神一对

图5-1-3　漳州民间木版年画门神——神荼郁垒门神一对

图5-1-4　漳州民间木版年画门神——加冠进禄门神一对

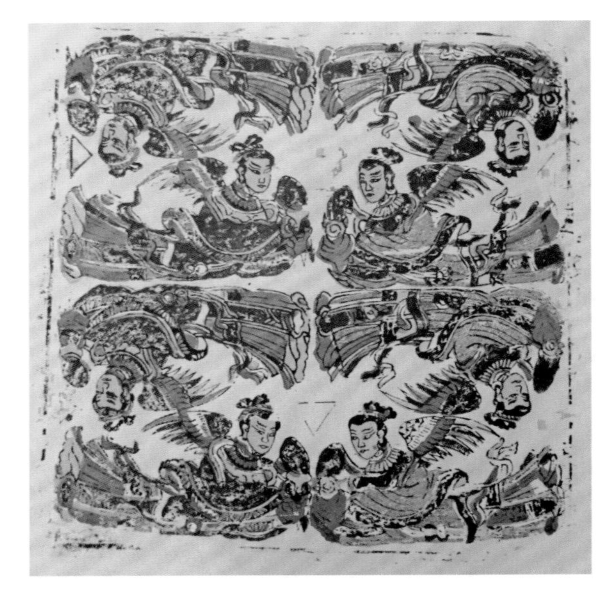

图5-1-5　漳州木版年画——天仙送子

图5-1-6　漳州木版年画——百子千孙门神一对

图5-1-7　漳州木版年画——连招贵子门神一对

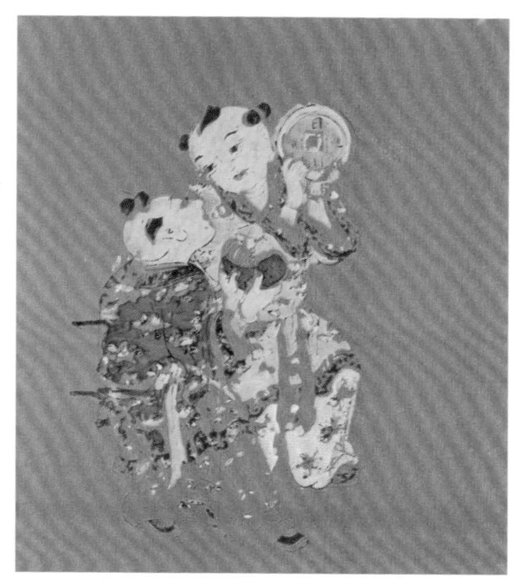
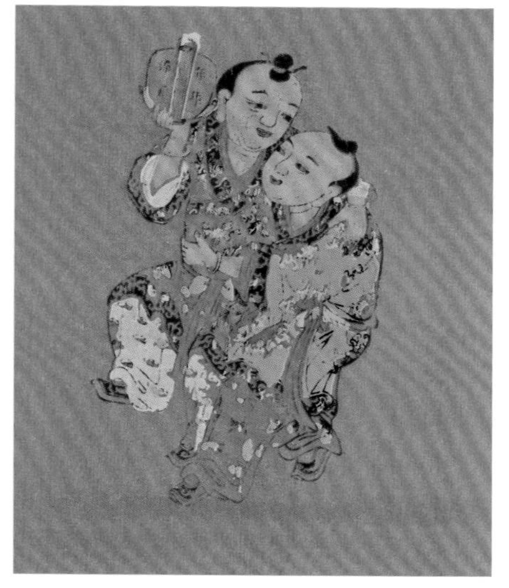

图5-1-8　漳州民间木版年画门神——年年添丁日日进财一对

图5-1-9　漳州民间木版年画门神——进财添丁门神一对

图5-1-10　漳州民间木版年画门神——春招财子

图5-1-11　漳州民间木版年画门神——八卦

图5-1-12　漳州民间木版年画门神——五虎衔钱

图5-1-13　漳州民间木版年画门神——魁星春

《加冠进禄》是一幅典型的门神画，画面中的神灵特点鲜明，眼睛呈凤眼，神态温和，庄严而活泼，具有我国传统中庸之道的柔和美，刚健中蕴含君子之风的神态，所用线条有粗细变化，圆润多姿，曲动柔和，具有清雅秀逸的风格。另外，画面上有些刚柔有力的直线条所呈现的刚健又具朴拙之美，画面上两种线条的结合，疏密有致，刚柔相济，更能体现出刀味和木味的天然效果。整个画面线条呈现出运动感和乡土气息，更强化了画面的形式美感，体现了漳州民间木版年画在刻线上的秀雅和朴拙。如果单从墨色线板上来欣赏，也不愧为一幅“线描”的经典之作（图 5–1–14）。

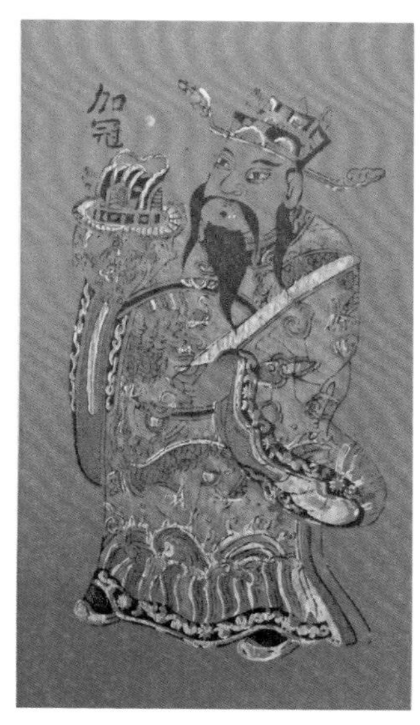

图5–1–14　漳州民间木版年画门神——加官进禄门神一对

三、漳州民间木版年画门神线条的雕刻美

漳州民间木版年画中的门神以雕刻出来的线条作为造型基础，线条作为整体形式美的骨架，因此线条在民间木版年画门神的雕刻中扮演着很重要的角色。漳州木版年画雕刻所用木材有相思木、红柯木等，而以

梨木雕刻最多。所选用木材要先浸泡一个月左右，以防日久变形，然后晾干刨平，雕刻之前先把稿子的反面贴在版上面，等版面全部干透，用墨鱼草将画出线条的稿子慢慢磨薄，直到画稿线条清晰为准。以雕刻人物为例，先从五官入手，再刻四肢，然后再刻余下部分，直到完成。雕刻出来的线条两侧都要有斜度，这样雕刻出来的线条不但牢固性好，也便于印刷时调节水分的多少。漳州民间木版年画的民间艺人对刻红的要求十分严格，线条和情感表达一致，线条赋予所描绘对象的性格、特征及内在的实质，通过刀下之线的起、行、收、顺、逆、畅、拙、刚、柔、虚、实、粗、细表现出雕刻美。漳州民间木版年画的艺人非常擅长运用粗细、长短、曲直结合的线条来表现不同用途和画面的效果，且多以细而挺健的长短线条为主旋律（图 5-1-15 至图 5-1-17）。

图5-1-15　漳州木版年画刻板（1）（林瑞红先生提供）

图5-1-16　漳州木版年画刻板（2）　（林瑞红先生提供）

图5-1-17　漳州民间木版年画清代印版——狮头衔剑（林瑞红先生提供）

四、漳州民间木版年画门神设色工艺

民间木版年画中的门神画的另一个装饰特点是其色彩的选择和搭配。民间木版年画中的门神画色彩给人们的印象是强烈、刺激、充满吉祥喜庆气氛的。如杨家埠民间艺人对色彩配置的口诀就是“紫是骨头，绿是筋，配上红黄画真新。红主新，黄主淡，绿色大了不好看。紫多发恶黄发傻，用色干净画新鲜。红间黄，喜煞娘；红重紫，臭其屎”。由于套印的方便，木版年画中的门神画色彩的种类不多，但在画面中的分布很讲究，大小块的分布，与相邻色的穿插等都要恰到好处。这种色彩的相互搭配，通过人眼睛的调和，能产生丰富多彩的效果。

民间木版年画中门神画的用色大致以四川绵竹、河南朱仙镇年画为代表，设色为大红和大绿、艳烈又深沉的“农村风格”。以天津的杨柳青、江苏桃花埠年画为代表的“城镇风格”设色清新、淡雅、亮丽雅致。而漳州民间木版年画则两者兼而有之。它是艳烈中呈厚实，亮丽中呈大气。它的配色程序、技法和材料决定了漳州民间木版年画装饰风格的独特性。漳州民间木版年画主要特点是在色纸上套印各种粉色，底纸都使用色纸，大部分是红色底纸，以墨线条再加两种颜色，如蓝色、蛋黄色或白色等，产生厚薄不一的肌理，斑驳灿烂又变化多端。厚处在视觉上呈现出量感，薄处显得空灵透气，有着古气横生，厚薄相处色调丰富，具有神秘的装饰效果。如同“西洋画”那种厚重、丰富、沉着、雄浑的美感，尤其用红色纸和墨色纸做底产生的传统装饰效果是其他产地所罕见的。

漳州民间木版年画中的门神画所用颜料也很讲究，基本都采用矿物质，许多颜料是画店自行研制的，如选用当地的大模粉（用石膏粉制

图5-2-4　漳州市芗城区武庙门神彩绘

图5-2-5　漳州市龙海白礁慈济宫门神彩绘

图5-2-6　漳州市龙海白礁慈济宫门神彩绘

图5-2-7　漳州市漳浦赤岭蓝氏宗祠门神彩绘

图5-2-8　漳州市漳浦佛坛杨氏宗祠门神彩绘

图5-2-9　金门县山后村王氏宗祠门神彩绘

图5-2-10　漳州市长泰珪后宗祠门神彩绘

一、彩绘材料

由于闽南传统宫庙大门多采用传统的木构架方式，而闽南地区气候又较潮湿，不利于木材的保存，工匠们采取用彩绘的形式进行艺术装饰的同时，还往往兼顾其防潮防蛀的实用效果，因此门神彩绘使用的材料也是有所讲究的。

宫庙门神彩绘装饰前需要先对彩绘部位表层刮涂用血料灰、桐油灰等特殊调制的灰料，以防止木料在使用过程中开裂。桐油灰，又称“油灰”，主要原料为桐油和壳灰。昔日桐油全为天然材料，20 世纪六七十年代，闽南地区还使用桐油，后来逐渐被调和漆代替。据了解福建地区主要是闽西有桐树，以前是要通过农资公司购买的，现直接从材料店出售，买回桐油后进行熬煮，煮时还要加入红丹、氧化铅、明意粉等催干剂。宋《营造法式》中记载："炼桐油之制：用文武火煎桐油令清，先煠胶令焦，取出不用，次下松脂搅候化；又次下研细定粉。粉色黄，滴油于水内成珠；以手试之，黏指处有丝缕，然后下黄丹。渐次去火，搅令冷、合金漆用。如施之于彩画之上者，以乱丝揩搌用之。"现也一般沿用古法制作。血灰，一般是用猪血为原料，因此在闽南地区的佛教寺院中一般不用血灰。血灰调料时要用事先交代过的不掺水和盐的猪块和稻草相互研搓，待血块研成无血丝、无血块的血浆后加牡蛎壳灰凝结，再掺点水至适当稠度即可。

门神彩绘色彩的调配也较为讲究，质量好的彩绘保存几十年、上百年也还能色彩鲜艳依旧，图案形象依然完整。例如，漳州华安南山宫始建于南宋德祐元年（1275），明弘治十五年（1502）重修，门神彩绘至今仍保存完好。用于彩绘的颜料从性质上可分为矿物颜料和植物颜料。矿物颜料多为石青、石绿、朱砂、雄黄、白云母，故又称为"石色"。这种颜料源于矿物质，虽经岁月打磨亦可保持其鲜艳色彩（图 5-2-11）。传统的植物颜料有红色类的茜草、红花、苏枋，黄色类的藤黄、栀子、姜金等，黑色类的皂斗、乌桕等。植物颜料多从天然的植物中提炼颜色染料，故也被称为"草色"。但不论是矿物颜料还是植物颜料，成本都较高，现在施工时多用化工颜料代替，效果就大打折扣了。

彩绘上色一般使用传统的彩画涂料，通常由画匠师傅根据经验测试彩绘面积后自行购买，需要调入桐油后才制成，以保证品质的持久。彩绘分五色：红、青、绿、黄、黑，彩绘术语叫"大色"，大色是作为彩绘的主色调，在施工中多直接刷在彩绘部位上，在调制的过程中要掌握胶和水的恰当比例。在五种原色的基础上掺入白色，使之淡化，或是以适当比例调和两种原色，都可称为"二色"，二色比大色浅一个色阶，多用于小面积的描绘，产生柔和与低彩度的效果，调制时只需在原色中加入白粉按比例调制，用胶则比大色要少一些。比二色再浅一个色阶的是晕色，也称三色，是介于二色到白色中的过渡色。根据颜色变化的不同，晕色可分为两种：一种是退晕，即一种色由最深退到最浅白，经过三到十一个色阶；另一种是攒晕，即由中间色开始，一道道攒到最深，再退到最浅白，一般三至五道晕即可，冷暖色不得混掺。晕色在调制时水分要多，用胶则要少。

图5-2-11　漳州市华安南山宫武将门神彩绘

二、工艺技法

由于宫庙建筑的神圣，有的门神彩画完成后需要贴金，就在相应位置罩一到二层的光油，再贴上很薄的金箔。因为金箔的含金量高，色泽经久不变，可使彩画持久耐看，闪耀光泽。金箔的使用工艺久远，明《天工开物》卷十四："凡造金箔，既成薄片后，包入乌金纸内，竭力挥椎打成。"清代方以智《物理小识》卷七说："金箔，隔碎金以药纸，挥巨斧捶之，金已箔而纸无损。"现在也依旧有沿用这种制作工艺。金箔大致分两种，即九八和七四之分，"九八"即含量为98%，也称库金，纯度较高，色泽为纯金色，且经久不变，常用于外檐的装饰。由于金箔的使用成本太高，因此民间工匠又探究出一种假金箔的做法，即用铝箔、酒精调黄色颜料再上一道薄油的做法来达到贴金的效果。

在进行闽南宫庙门神彩绘时，普遍先作一层底子，也就是工序"地仗"，功能是便于上色，接下来就用炭条勾出要彩绘的纹饰，这是一切彩绘的最初工序。再在画好的底稿各部位上写好各色标识，方便依次绘画。根据漳州彩绘匠师庄仁顺师傅的介绍，在寺庙的彩绘工程中，技巧最高处是打底稿的步骤，"以4B或5B的铅笔或粉笔画底稿，再以毛笔画全草稿，最后上彩。"

绘制中常用一种"沥粉"的技巧，是为了增加彩绘的立体感，做法是把香灰或是绿豆粉加入胶水后调成浆糊状，施工时装入用金属片或是厚纸片做成的尖筒状，再沿着图案的边缘挤出线条即可，因此也叫"挤粉"。沥粉时一定要竖起尖筒，挤出的线条呈半圆状即可，过程要一气呵成。程序上是先沥横线，后沥竖线，先沥花头，后沥草纹，总体上来说是先繁复部分后简单部分。有的画匠也有自己的一套绘画程序，会有所变通。建筑中的门神绘画通常都会采用这种沥粉技巧，以增强门神造型的立体感。沥粉也是为了便于贴金，台湾地区将这一工序称为“安金”（图 5-2-12）。

图5-2-12　“安金”——台湾南天宫门神彩绘

宫庙门神彩绘作为民间绘画的一种，兼具实用性、审美性、民俗性、开放性的特点。实用性和民俗性是宫庙门神彩绘艺术活力的保障，而审美性、开放性是其不断发展的动力。闽南宫庙门神彩绘历经一代代闽南艺人的传承，已经成为闽南人民俗生活的一部分。因此，在闽南民间信仰活跃的今天，宫庙门神彩绘这门古老的技艺将继续保持着旺盛的生命力。

第三节　民宅门额“剑狮”的装饰艺术

闽南地处我国东南海滨，为古闽越文化发源之处。自西晋末年以来，因中原战乱，大量汉人南迁，中原文化、楚文化、吴文化等相继碰撞、交融，逐渐形成具有地域文化特征的闽南文化。闽南地区自古就有信鬼尚祀、巫觋盛行的特点。在多元文化因素的影响下，闽南地区的建筑装饰中往往会出现大量的辟邪物图案，如防风灾的风狮爷、镇宅辟邪的剑狮等。长期以来，史学界、民俗界等对此有所关注，但一直未能深入研究，而从美术视角探究其文化意蕴与本质特征的，则更鲜见。下面即以剑狮为例，解读其装饰艺术特征及其价值，以期进一步了解闽南建筑装饰的艺术魅力。

一、民宅门额剑狮的装饰特征

在人类所创造的视觉艺术中，装饰艺术可以说是最早、最普遍的艺术样式。从形式上来讲，装饰艺术表现手法最为丰富，涉及的门类最多。通过考察装饰艺术的源流，我们可以提炼出人类美术创造的本质特征，无论哪个民族和地区，也无论那个民族处于怎样的发展阶段，只要有人类存在，就一定会有装饰存在。装饰艺术既是一种具有独立源头的文化观赏，又和其他诸多复杂因素相互联系，这其中既包括作为其载体的社会群体及其自身文化，又有着外来文化的影响，充分体现了人类审美思维的特征。

“剑狮”，又称“狮头衔剑”，其基本造型即是由狮头及宝剑构成。在台南，传说是郑成功的军队在鹿耳门登台后，为抵挡荷兰人的枪炮弹药，于是在藤制的盾牌外，加上铁板以增强防御，同时为了表示威严，就在盾牌中心铸造猛狮的形象。荷兰人撤退后，部分军队驻扎在安平，将士操练返家后，就把狮面盾牌挂在墙上，刀剑插入狮面盾牌牙缝铁钩，从外面看有如狮子咬剑一般。待郑克爽降清后，台南人为了纪念郑成功及其将士，便在屋宅外雕塑剑狮像，形成了狮头咬剑图案。有些在狮头上画有阴阳八卦的纹饰，以求保佑祈福。在民间还有传统的吞口，如苗栗县后龙镇洪姓民宅的剑狮。从现存的“剑狮”装饰看，其种类繁多，区别主要在于狮咬剑的方式。宝剑处于不同的位置常表达不同的含义，大致可分为以下三种 。

（一）宝剑从左向右的“剑狮”装饰：表示辟邪

面对剑狮宝剑从左向右，即剑柄在左，此装饰则有辟邪的寓意。如剑上刻有七星，则其辟邪制煞的威力更为强大，这种说法是与民间道教习俗有紧密联系的。相传七星剑是道教始祖龙虎山张天师（张道陵）的法宝，因剑上刻有北斗七星而得名，是道法相承的象征，具有驱邪除恶等功能，被视为神圣之物。闽南漳州传统木版年画中即有一幅剑狮图饰，图中狮头赤口锯牙，双目圆瞪，红眉高扬，五彩鬣毛飞动于颈后，口中衔一口由左向右的七星宝剑，显得异常威猛。旧时闽台民间常贴此类年画于民宅门额、照墙及船头上，以示驱灾镇邪，以求安泰（图 5-3-1）。

图5-3-1　宝剑从左向右的剑狮装饰——表示辟邪

（引自蔡金安《剑狮的故乡安平》）

（二）宝剑从右向左的“剑狮”装饰：表示祈福

如果面对剑狮宝剑从右向左，即剑柄在右，此装饰则有祈福的寓意。原本用作辟邪的“剑狮”用来表达这种美好的寓意，这并不仅仅是民间装饰艺术的表现形式，更是闽台人民对幸福生活的心理祈求，也是与民间普通大众审美息息相关的文化体现。闽台居民有很大一部分以捕鱼为业，靠海谋生，面对险恶莫测的大海，在祈求驱邪避恶的同时，都怀有一份祈求平安吉祥的心愿。正是这样一种强烈的心理渴求，使得“剑狮”图案的含义发生转型。此类剑狮图案还往往在其周围添加蝙蝠纹饰，取“蝠”“福”二字同音，来进一步表达吉祥含义。常见的有在“剑狮”纹饰外加以五只蝙蝠环绕来表达“五福临门”，或是以两只蝙蝠相对代表“福气双临”，抑或再配以铜钱图案比喻“福在眼前”（图5-3-2）。

图5-3-2　宝剑从右向左的剑狮装饰——表示祈福

（引自蔡金安《剑狮的故乡安平》

（三）双剑交叉的“剑狮”装饰：表示镇煞

狮咬双剑的“剑狮”装饰目的在于保护屋宅，免于风水冲煞或鬼煞入侵。“风水煞”是指因房屋布局不合理而导致风水不利的冲煞，“鬼煞”即指游散人间各处且随时可能作恶的厉鬼和野鬼。闽台地区一向地狭人稠，居民遇有疾病祸灾，往往归因于屋宅相冲，为了镇煞挡冲，于是有种种辟邪厌胜装饰物的设置。这样的一种环境氛围，使得双剑交叉的“剑狮”在闽台地区极为常见（图5-3-3）。

图5-3-3　双剑交叉的剑狮——表示镇煞

所谓装饰"造"形，即创造具有装饰性特征的艺术形状。"剑狮"的形状，不是自然形状，而是经过民间艺人主观感受去创造的形状，具有不同表现性的装饰造型，往往有着特定的意蕴。总体而言，"剑狮"的造型丰富多彩，同时自由度很高。有的"剑狮"造型像青蛙，形状夸张轻盈；有的又像蝙蝠，身躯扑立，蓄势待发；有的像老人，白眉长垂，倍显慈祥；有的像武士，面貌凶猛，极具威武。各种夸张、变形、添加的手法被巧妙地应用到"剑狮"的装饰图案之中，使"剑狮"整体造型保持以明确的印象和大方的美感，既简洁整一，又奇妙非凡。

二、民宅门神剑狮的艺术价值

民宅门神"剑狮"装饰造型稚拙纯朴、构图饱满、形象夸张、色彩浓郁艳丽、艺术手法充满想象，具有鲜活的生命力。其种类繁多、形式多样的造型风格集中体现了闽台两地民间艺人率真质朴的情感因素，将我国民间美术的艺术魅力表现得淋漓尽致。下面从构图方式、色彩运用、材料技艺等方面对之进行一一论述。

（一）"剑狮"的巧妙构图

"剑狮"的构图形式有着极为自由的想象空间，形式多种多样，但不管采用何种构图方式，都普遍表现出简洁、均衡、对称的特点，画面讲究"满""全""整"三个要素，体现出闽台人民趋吉辟邪的心理愿望和对美满生活的追求。

1. 满幅式构图

"剑狮"图形装饰常常以其视觉形象布满整个画面，几乎不留多余空间，疏密安排均衡有序。孟子曾说过，"充实谓之美"，可以说这种充实而具有饱满旺盛之活力的美，是中国劳动人民追求美满、繁荣的艺术象征，这种积极进取的思想在“剑狮”图形装饰中得到了充分的体现（图 5-3-4）。

图5-3-4　木版彩绘剑狮——泉州博物馆（藏）

2. 对称式构图

“剑狮”图形装饰常常采用正面的造型，可同时见到狮头的两耳，如要在“剑狮”的周围添加吉祥物（如蝙蝠、祥云等），也通常要讲究左、右两两对称，使整个“剑狮”图饰具有稳定、庄重、沉着的感觉，让人产生秩序、高贵、威严、敬慕的美感。应当说，对称的概念是中国人一直以来的审美标准，常与美好联结在一起，人们常言“好事成双”，反映在“剑狮”装饰上也是如此（图 5-3-5）。

3. 适宜的外形

“剑狮”图形装饰的外形往往不拘泥于某个标准，而是因“物”制

图5-3-5　剑狮对称式构图——台南安平

宜，使"剑狮"图案适应于采取的材料或装饰之处。因此，"剑狮"装饰不拘于物，或方或圆，常常通过巧妙的变形，使得剑狮图案在构图中显得恰到好处。如漳州木版年画的剑狮造型就一反通常的椭圆形构图，而是适应于纸张采取四方形的构图，从而收到了更好的视觉效果。除此之外，半圆形、多边形、自然形的"剑狮"构图也并不少见。闽台民间艺人在对待不同装饰内容时所应用的灵活多变的处理，使"剑狮"图案产生了多样而奇特的装饰构图美（图5-3-6）。

图5-3-6　剑狮适宜的外形——漳州木版年画

（二）"剑狮"的色彩运用

"剑狮"的色彩给人们的直观感觉是色彩鲜明、刺激强烈，极具闽台地域民间文化因素，这样的色彩运用方式主要是受我国传统审美兴趣尚红、尚绿、色彩浓烈、反差大的影响，同时又具有楚巫之风传承的色彩特征，七千多年前有湖南高庙，就有守门鬼仙的形象。这种色彩取向是艺术家感受、情感、观念和审美理想的体现，追求更多的是色彩的装饰效果。

剑狮所用颜料很讲究，大都采用矿物质颜料和植物颜料，需自行调制，包括油料稀释剂等也需要自制，如白色颜料多是当地艺人选用当地白岭土、海蛎壳、贝壳加工而成。剑狮的画面装饰多采用纯度较高的大红、中黄、湖蓝、绿、紫五种颜色，与我国传统五行说相适应。红色象征喜庆、欢快、热烈；黄色具有明快、高贵、希望之寓意；蓝色显素雅，象征自然、神秘；绿色是青春、希望、安定的象征；紫色具有神秘、高贵的意义。从色学角度看，红与绿、黄与紫，分别是两对互补色，画面较难以协调，而民间艺人巧妙运用色彩面积大小的对比、明度的对比、纯度的对比，以及色调冷暖的对比，综合运用，可谓"软硬兼施"，使之营造出一种很协调的搭配。如漳州木版年画的

"剑狮"画面，即以大面积的红色为主，加以小部分绿、黄、紫色，使画面色彩显得艳而不媚，反倒有一种铿锵有力的装饰美。

民间艺人有时为了使"剑狮"画面更为协调，还巧妙运用黑、白、金三色。黑色用以勾勒双眼或眉毛，白色、金色用以眼睛、牙齿、七星剑以高光效果，使之色彩更为明快，尤似画龙点睛一般。这样营造出来的画面往往色彩艳丽而又不失沉着之感，稳定而显出和谐韵味。另有部分"剑狮"装饰基本不上色，如石雕、砖雕、木雕等类"剑狮"基本保持原有的颜色。这类"剑狮"装饰以素为美，具有纯真、朴素的天然效果，显示出其材料本身原本的固有之美，也深受闽台两地人们的喜爱（图5-3-7）。

图5-3-7　剑狮色彩装饰——台南安平

在过去的闽台民间，色彩也有着等级之分。如以台湾安平地区为例，据史料记载，早期安平"剑狮"的颜色是由水师盾牌狮形装饰的颜色而来的，紫色为总兵官，青色即中级官吏，黑色才能为一般士兵而采用。而在民间，"剑狮"的装饰色彩常作为贫富的界定，如红色一般代表富贵人家，而青、黑色代表一般平民百姓。虽然，"剑狮"装饰色彩被无辜地划分成等级，但不管何种，用色彩装饰趋吉辟邪，才是"剑狮”的“英雄本色”。

（三）“剑狮”的材料技艺

剑狮的装饰材料多种多样，主要有木雕、泥雕、陶雕、石雕等不同质地的材料。民间艺人常因地制宜进行加工和创作，在多种材料的应用之中充满了普通百姓的民间趣味（图 5-3-8 至图 5-3-11）。

木雕在这之中较为常见，从材料运用和技法来看，其选用的材质如樟木、龙眼木、桃木等均为当地优质木材，其中桃木还有辟邪功效。

图5-3-8　清代木雕八卦剑狮装饰——泉州博物馆（藏）

图5-3-9　石雕狮首雕饰——泉州博物馆（藏）

图5-3-10　剑狮泥雕——台南安平

图5-3-11　剑狮砖雕——泉州博物馆（藏）

其表现手法主要有阴刻、浅浮雕、高浮雕三大类。通过画稿、雕刻、制体皮、彩绘、罩清油等几道工序，其成品往往能保存上百年之久。如木质“剑狮”图案《狮子王》，所选用的材料即为上好樟木，其上面另覆有一层坯土，用矿物质颜料彩绘而成，其年代推算已有百年之久。

剪瓷雕也是“剑狮”图案的常见载体。剪瓷雕亦称“剪黏”“剪花”“剪碗”“剪瓷贴”，以彩瓷、玻璃等为材料，是闽台地区寺庙及宅院特有的建筑装饰艺术。“剑狮”剪瓷雕工艺，首先是用灰泥、碎石、瓦片作坯，用灰匙将麻糬灰塑出各部位的雏形，待泥坯干后再用红糖和灰水做成糖水灰来贴碗瓷片。[①] 所用瓷片往往色泽丰富靓丽，颜色对比强烈，视觉感受强，使整个装饰呈现出缤纷艳丽的姿态。

此外，闽台地区发达的泥塑、陶塑、石雕、铜铸技艺也被应用到“剑狮”装饰中，漳州、泉州木版年画及台湾“王泉盈”“王源顺”等年画作坊印制的剑狮年画也同样题材多样。闽台两地剑狮的装饰虽略有差异，但从其应用的材料及技艺、选用的题材内容、体现的社会功能来看，是高度一致的。

三、民宅门神剑狮的文化价值及其发展展望

“剑狮”装饰是我国民间美术中不可或缺的，是我国传统文化的充分体现。可以明显地看出，“剑狮”身上的几个要素均与中原文化有关，七星宝剑和阴阳八卦都是来源于中原道教的一些吉祥或辟邪的纹饰，而狮子则是佛教传统中表示威严和智慧的祥兽。得益于闽南一地宗教信仰的兴盛、多元文化的融合和民间信仰的糅杂，这些出于佛、

① 黄忠杰:《台湾传统剪瓷雕艺术研究》，载于《福建师范大学学报(哲学社会科学版)》，2007 年第 6 期，第 47 ～ 48 页。

道的纹饰在这里得以融合，形成了闽南独特的“剑狮”装饰。因此可以说，闽台民间“剑狮”装饰是受中原文化影响，并吸纳了闽南民间信仰及宗教文化的审美倾向，经过千百年来闽台两地劳动人民在生活实践中的演化而成的一种避邪求吉的装饰物（图 5-3-12 至图 5-3-17）。

图5-3-12　民宅门额剑狮装饰——龙海市海澄镇

图5-3-13　民宅门额八卦装饰——漳州市芗城区

图5-3-14　民宅门额剑狮装饰——台南安平

图5-3-15　民宅门额八卦装饰——龙海市角美

图5-3-16　民宅门额姜尚在此装饰——漳州市芗城区

图5-3-17　民宅门额剑狮装饰——台南安平

“剑狮”装饰源于中原，形成于闽南，又随着闽南人外迁而扩散。特别是在台湾地区，随着明朝郑成功率领大军开台，闽南“剑狮”文化得以在台湾诸多地区深深扎根、繁衍并发展。其虽在形成时间和地方色彩上与原有的闽南“剑狮”存有一些差异，但内涵是不变的。对于我们发扬民族艺术的宝贵价值和继承民间艺术的优良传统而言，闽南“剑狮”装饰都有着重要的欣赏和研究价值，因此对闽台民间“剑狮”装饰的研究、探索应该作为我们长久的课题。如今，随着社会转型和经济的高速发展，人们生活水平不断提高，城市高楼大厦替代传统民房，农村也代之以乡村别墅般的小高楼，各种老建筑面临被逐渐拆除的命运，许多门墙上及街弄上驻守镇宅的“剑狮”装饰也随之减少。至此，应当说保护和传承“剑狮”文化的工作已经迫在眉睫。

历经几百年已深深扎根于闽台人民生活之中的剑狮文化，其精神内涵和艺术特质是不会改变的，在保护原生态的文物之外，如何唤起人们心中对民间艺术的重视是一个十分值得研究的课题。只有实现创新，使“剑狮”艺术融入当今美术创作和人们的现实生活中去，才是保护“剑狮”装饰艺术的最终任务。台湾的安平地区开发一系列剑狮文化创意产品，采用工艺纪念品的形式与安平的旅游产业相互促进，就是一个很好的表率。除此之外，可以结合舞蹈编排“剑狮”舞，利用夸张趣味化的剑狮图案开发关于衣、食、往、行、育等方方面面的装饰品或日用品，以各种各样的形式使剑狮图案贴近大家的生活，以保持“剑狮”装饰艺术的活力，并可以使之进一步艺术化、生活化及标志化。

第六章

闽南传统建筑装饰的道教文化

闽南地区主要以闽南语系方言为基础。历史上，主要是唐代以后，大批来自中原河南一带移民向闽南迁徙，带来了中原文化，闽南地区便开始受到儒、释、道三教文化的影响与洗礼。同时，由于其地处东南沿海，便利的海外交通也使闽南地域的海洋文化格外发达。历史以来，闽南地区为中国大陆通往东南亚、西亚、欧洲的重要门户。此种历史与地理的因素，促成了闽南成为多种宗教与文化汇集之地。闽南民间艺术可以说是这一多元文化融合的产物。现存至今的闽台古厝建筑装饰、木版年画、雕刻等构成了闽南民间美术的主要物质形态。其中古厝民居一般为清代至民国时期的建筑，雕刻、木版年画自宋代以后就一直繁荣至今。以往研究闽南民间美术，较多地注意到多文化、多宗教融合的因素，或从美学角度或装饰的抽象规律等方面阐发，很少从装饰的母题、含义等方面考察装饰的内在文化因素。鉴于此，笔者着重从闽南传统建筑装饰所借用的道教题材来分析装饰的母题、内容及其含义，进而分析闽南传统建筑中的道教文化因素及其含义。

第一节 装饰应用中的道教题材内容

闽南传统建筑中道教题材内容丰富，大体上可以分为以下几类题材。

一、植物与器物

植物与器物装饰有葫芦、桃、松、灵芝、宝瓶、七星剑、祥云、暗八仙等，其中暗八仙指扇子、鱼鼓、荷花、葫芦、宝剑、花篮、横笛、玉板。这些植物母题一般与其他植物一起组成一个固定的主题，如松与鹤组合，为松鹤延年，源于道教求长生的信仰。暗八仙一般用于某个纹饰边缘的装饰，或单个母题与其他母题组合(图 6-1-1 至图 6-1-8)。

图6-1-1 植物与器物装饰——平和县绳武楼(1)

图6-1-2 植物与器物装饰——平和县绳武楼(2)

图6-1-3 植物与器物装饰——平和县绳武楼(3)

图6-1-4　植物与器物装饰——平和县绳武楼（4）

图6-1-5　植物与器物装饰——平和县绳武楼（5）

图6-1-6　植物与器物装饰——泉州地区

图6-1-7　植物与器物装饰——龙海市角美镇（1）

图6-1-8　植物与器物装饰——龙海市角美镇（2）

二、人 物

人物装饰有仙女、八仙过海、福禄寿三星、和合二仙等，一般装饰在古建筑的山墙、屏风隔断上，形式有砖雕、木雕、灰雕和木版年画。常见的如闽南趖瓜筒装饰中表现的人物神话故事。晋江陈埭涵口村古民居趖瓜筒高浮雕装饰，其立面装饰以祥云，呈中轴对称；两侧雕刻着两组不同的人物，图案以擂金处理，所雕刻的人物，身着衣袍，脚踏祥云，刻画了神仙赐福的吉祥场面。只可惜由于破坏较为严重，已经看不清人物的面部特征。如做成花篮造型的趖瓜筒，多见于祠堂、庙宇、民宅。花篮是神话传说“八仙过海”中人物韩湘子的宝物，是吸尽海水的仙物，在趖瓜筒装饰造型中常配以仙桃、花卉等植物纹样。

“八仙过海”是闽南传统建筑喜爱的一个主题，可广见于各种材质的装饰之中。道教元素在闽南传统建筑门窗装饰中运用极为广泛的还有福禄寿三星、和合二仙、麟凤龟龙等。民间古厝建筑中，有的屋脊中央还竖立着泥瓦烧制的黄飞虎形象（封神演义中称为东岳大帝的人物），身被盔甲、手执弓箭骑坐于虎背上，它是住户从庙宇祈求带回，用于驱逐恶鬼，守护家宅平安的。不过黄飞虎这类形象，传说中虽然被封神，但主要成为民间信仰的一部分（图 6-1-9 至图 6-1-12）。

图6-1-9　人物装饰——晋江五店市

图6-1-10　人物装饰——龙海市角美镇

图6-1-11　人物装饰——漳州市芗城区

图6-1-12　人物装饰——漳州市芗城区西桥亭

三、动　物

动物装饰有金蟾蜍、鹿、仙鹤、凤凰。这些动物多以和其他母题组合在一起表现一个主题。在古厝民居装饰中，寺庙以及道观也常出现。这些母题也常出现在花鸟题材的装饰浮雕画或屏风的雕刻上（图 6-1-13 至图 6-1-16）。

图6-1-13　动物装饰——漳州市芗城区古武庙（1）

图6-1-14　动物装饰——漳州市芗城区古武庙（2）

图6-1-15 动物装饰——晋江五店市

图6-1-16 动物装饰——龙海市角美镇

四、文 字

文字装饰有福、禄、寿字纹，道符、八卦等。这些皆为常用的文字，其中“八卦”纹最为突出，与其他不同的母题组合往往也显示不同的含义，尤其因装饰的位置不同，其含义也有所区别（图 6-1-17 至图 6-1-23）。下面针对不同组合或装饰位置和题材，谈谈其中的区别。

图6-1-17 文字装饰——平和县绳武楼（1）

图6-1-18 文字装饰——平和县绳武楼（2）

图6-1-19　文字装饰——平和县绳武楼（3）

图6-1-20　文字装饰——漳浦县印石岩

图6-1-21　文字装饰——诏安县武圣殿

图6-1-22　文字装饰——诏安县武圣殿

图6-1-23　八卦装饰——泉州市石佛亭

第二节　装饰的组合方式以及位置

一般来看，闽台古厝正厅装饰内容为儒家正统题材，如《三国演义》《杨家将》《穆桂英挂帅》《苏武牧羊》《孔融让梨》《卧冰求鲤》等，故事反映“忠”“孝”“节”“仁”“义”“礼”“智”“信”儒家君臣仁义等思想。但在绳武楼客厅屏风的装饰中，第一单元一开间一楼客厅屏风上装饰有“八仙过海”；在绳武楼的第八单元，雕有何仙姑像，像为浮雕；右墙壁橱正上方泥塑由宝剑、鱼鼓、石榴组成，右上方有长须飘飘仙人像；左墙有“仙鹤衔书”的字迹；中墙上为何仙姑像，何仙姑手持荷花，下面绘石榴两个，喜鹊一只，葫芦一个，寓意为多子多福、喜从天降等（图 6-2-1 至图 6-2-3）。

图6-2-1　组合装饰——平和县绳武楼

图6-2-2　组合装饰——漳州市芗城区西桥亭

图6-2-3　组合装饰——诏安县武当宫

古厝建筑一般为闽南明清时期的民居，在外墙山墙以及水车堵处，一般装饰着八仙过海、羽化升天、仙子飞扬、女仙等仙境场面。山墙的顶部也常常装饰福、禄、寿三仙。由于山墙的位置位于屋脊顶端，装饰神仙的人物题材可以使房屋有如仙境，或喻为仙人降临，或寓意祈福保佑的功能。三仙这类组合的图像也出现在闽南的纸马上，俗称“三星图”。三星图的形式一般为天官执笏居中，左、右为寿星捧桃、禄星抱男婴，三星并列一行。上方书写“福”字，下方书写“财子寿”。另外，在漳州年画中，也常见《春妃仙女》等仙女题材木版年画。闽南的民间年画又在“三星图”的基础上增添一喜星，常见的形式为“福禄寿喜”四星合为一幅年画。

另外，在屋内梁柱俗称趖瓜筒，一般描绘多为天官、飞仙等道教人物题材。除有辟邪功能外，在视觉效果上，其也可加强房屋飞升之感。

漳州木版年画有一种名叫《大八卦》的图案，八卦中心刻有“太极”字样，和乾、兑、坎、震、坤、艮、离、巽等卦名，外有八卦卦形，更外层刻有暗“八仙纹”样。八卦两侧另绘有七星剑和法印以增强法力，四角还有“元”“享”“利”“贞”四字。八卦图传说能驱除一切凶灾祸害，民间常贴于门额，也有建房上梁时，贴于梁上，以求安泰。

第三节　若干装饰母题的含义

一、剑狮装饰母题

剑狮装饰母题，即宝剑与狮子头部的结合，一般组合形象为狮子嘴中咬着一把或两把交叉的宝剑。此装饰根据剑的方向与多少有辟邪、祈福、镇煞等多种不同含义。其中宝剑由道教七星宝剑演化而来。“如剑上有七星，则其辟邪、制煞的威力更大，这种说法与民间道教的联系紧密。相传七星剑是道教始祖龙虎山张天师（张道陵）的法宝，因剑上有七颗星而得名，是道法相承的象征，具有驱邪除恶之功能，被视为神圣之物。”[①]还有一种剑狮与八卦组合的图像，也广泛出现在闽台两地。可见道教符图对于民间艺术有着极深的吸引力。“八卦剑狮”不仅借用了七星剑，同时借用道教八卦形制，其目的亦为增添图像的法力。其材质有砖雕、石雕、木雕等，如泉州博物馆藏台湾八卦狮首辟邪砖雕。

剑狮一般装饰在屋宅的山墙、门楣、龙舟等地方，以此表示辟邪、镇煞、祈福等不同功能。除了雕刻一般皆为单色，同时不同剑狮的颜色也表示不同的阶层。蔡金安在《剑狮的故乡安平》中指出：“早期安平剑狮的颜色是由水师盾牌形装饰的颜色而来的，紫色为总兵官，青色即中级官吏，黑色才能为一般士兵采。而在民间，‘剑狮’的装饰色彩作为贫富的界定，如红色一般代表富贵人家，而青色一般代表平民百姓。”然而随着“剑狮”在民间得到广泛的喜爱，这些原有的等级规格已经失去了区分阶层的意义。在年画中，或山墙的装饰上，“剑狮”一般皆采用彩色来表现，以达美观，或以突显“剑狮”辟邪、祈福的寓意，阶层早已经淡化了。如近年来剑狮创意产品的开发，也多着眼于产品的创意，而非阶层了。漳州年画也有一种“剑狮”与“八卦”“春”字结合的年画，这种组合一般由六个图案分两排组成，上边一排，自左到右一般为“春”“八卦”“剑狮”，下边一排，自左到右一般为“八卦”“剑狮”“春”，整个形状呈长方形，一般为春节时所粘贴。

① 蓝达文:《闽台民间“剑狮”的装饰艺术特征及价值》，载于《厦门理工学院学报》2013 年第 4 期，第 6 ～ 10 页。

二、八卦形的图案

八卦形的图案也广泛运用在木版年画中间，常常左边陪七星剑，右边陪道符，以增添辟邪法力，有些没有七星剑、道符，四角饰以瑞兽。这些木版年画形制一般为正方形，红色纸为底色，八卦的外形一般以黑色线加蓝色、蛋黄等色木版雕刻，取辟邪驱魔之寓意。在建筑屋内部的顶部也常见到“八卦”图案，如漳州龙海白礁慈宁宫庙宇脊檩，就绘有一个巨大的八卦图案。在佛教寺庙绘制八卦有一定的讲究，分为“先天八卦”与“后天八卦”。“先天八卦”一般绘制在正殿之中，以示对神明的敬重。“后天八卦”一般绘制在寺庙的殿前，为普通人进出的场合。这种借用现象也出现在泉州开元寺大雄宝殿上所绘道教“仙鹤”等图案，漳州龙海白礁慈宁宫庙宇屋脊檩所绘“云凤”图案，漳州南山寺天花板所绘“飞云”图案。佛教殿堂对于道教八卦图案的借用也视为闽南宗教信仰的一个宗教文化融合的现象，与神荼、郁垒功能相同或相似。常见的纸马上也会出现八卦图案，如“吉祥纸符”，就出现左、右对称的八卦图案，另有道教符箓文字装饰其上。这些佛道元素组合在一起，主要用来祭天、祈福、保平安等。常见的纸马有“合家招财令”“符咒”“冥纸”“镇宅平安符”等。在同一纸马上一般绘有道教八卦图像元素，有时也有佛教图案元素。常见的纸马如“财神爷”上，右上方也饰有八卦图案，下方有“合家平安”字样，中间为财神爷形象，左侧刻有“合家平安、四季生财”字样。皆表示发财、祈福、平安等寓意。

三、“八仙过海”与“福禄寿”三星

前述绳武楼第一单元客厅雕刻“八仙过海”，不过根据雕刻的内容与主人的经历，虽然借助道教“八仙过海”的传说，但表达的寓意是激励族人努力拼搏、修身齐家的儒家思想。绳武楼系全国重点文物保护单位，始建于清嘉庆年间（1798—1820），历时五十余年。其创建者为叶处侯，其后由其三个儿子接继完成。第一单元中厅上方雕刻两只螃蟹，意为“二甲传胪”，即科举考试考得第四名，一甲三名，状元、榜眼和探花，二甲约百名，二甲第一名即传胪。由此可见，叶氏土楼是清代官员士大夫宅第。也不难理解，在第一单元客厅屏风雕刻“八仙过海”的寓意主要是借用道教题材来表现儒家修齐治平的精神。“福禄寿”三星不仅装饰在房顶外观的上墙上，也有室内雕刻在屏风或香案等上。民间木版年画上还有“福禄寿喜”，即在“福禄寿”三星外加一民间喜爱的“喜”。其图版皆是以人物画为基础进行的创造，可以说是道教与民间信仰结合后的一种创造。“葫芦问图”是一种具有娱乐性质的棋盘，其上不仅饰有龙、马、虎、鱼、驴、八宝、古钱、花雀、金鸡等，也常出现鹿、玉兔、八仙等道教母题的图案。在这类娱乐性的棋盘上，所饰图案仅仅为娱乐性质，不再具有信仰祈福等功能。

闽南传统建筑中的道教元素多样，除了常见的雕刻中仙人、福禄寿、桃子、葫芦、宝瓶、仙鹤等主题有着普遍性含义，还有一些特殊主题，如“剑狮”“八卦”“八仙过海”等主题装饰的具体位置以及组合的方式，不同的位置以及组合方式，其特定的含义也并不相同。

总的来说，在闽南士大夫家族的建筑装饰中，借用了道教文化的母题，其儒家伦理秩序的观念起到了主导作用，尤其在厅堂的装饰中可以看出这一逻辑。

另外，在闽南佛教寺庙建筑中，也常借道教文化的一些母题，如八卦、仙鹤、凤凰、祥云等，不过，这类图像往往需要放在佛教建筑文化的功能中去理解其含义，并非具有普遍的含义。在普通的民居或民间年画等美术形态中，所借用的道教文化元素，往往加强了其自身主题的含义，具有普遍性的意义（图 6-3-1）。

图6-3-1　组合装饰——漳州市芗城区武庙

闽南文化有着极强的宗教信仰兼容性，反映出闽南人背后核心——“好巫尚鬼”的信仰传统。因此，各种宗教文化因素进入闽南地区后，总会被当地的人们不同程度地加以利用并融合进当地文化或信仰之中。闽南民俗文化中，常常包含着多种多样的酬神活动，其场面热烈、色彩炫丽、热闹非凡，民间美术的这种丰富多彩的装饰往往被视为对神祇的尊敬。由于海洋文化在当地文明起着重要作用，出海求平安以及防止灾难的降临就成为民俗生活中重要的一部分。所以无论是闽南传统宫庙的建筑装饰中，还是其他民间美术的装饰中，往往体现祈福、辟邪、镇煞等愿望。而道教图像中具有的长寿、驱邪以及寄托求吉避灾的愿望等功能的图像自然成为闽南人喜爱借用的题材。这也可以看成，道教文化元素对闽南民间美术所做出的贡献（图 6-3-2 和图 6-3-3）。

图6-3-2　组合装饰——
平和县绳武楼

图6-3-3　组合装饰——
龙海市角美镇

第七章

闽南传统建筑门窗的装饰美

闽南传统建筑门窗装饰是我国门窗装饰的重要组成部分，除本身所具备的物质功能外，也反映了闽南各阶层的文化观念和审美需求。其装饰内容丰富，形式多样，雕刻精美，吉祥寓意深厚的图案，从一个侧面展现了闽南地区深厚的传统建筑文化，也充分反映了闽南人在生活上追求美的心理愿望。

闽南传统建筑门窗艺术既与中国传统建筑门窗装饰艺术一脉相承，又有着闽南地域特色的风格，极大地丰富了中国传统建筑装饰的内容。建筑门窗固然以实用为主，但人们的天性更祈盼实用与美观相结合。对美好事物的向往是人的最大本能，因为追求快乐幸福是人的本能，而美好的事物总是让人产生心情愉悦和满足感。闽南传统建筑门窗装饰正是很好地满足人们对美的追求与向往，其装饰风格多样、文化内涵丰富的美学特征，从一个侧面展现了闽南地区深厚的传统文化积淀，有助于我们深入了解它的艺术价值，为这一宝贵文化遗产更好地传承与发展奠定基础。

第一节　门窗装饰的形式美

美是我们所追求的精神享受，正如闽南传统建筑门窗所带给人们的艺术魅力。在日常生活中，人们的生活习俗、价值观念不同造成了审美标准的差异，但大多数人对美好事物的追求存有共识。这是人们长期在生活实践中不断积累起来的，是一种客观存在的法则，而这些规则我们称为“造型法则”，又称为“形式美法则”，它反映了形态美的内在规则。闽南传统建筑门窗装饰的发展变化与“天人合一”的哲学思想等中国传统文化发展有着密切联系，并与宗教文化、民俗文化、民族文化相结合，展现出异彩纷呈的文化特色。

闽南传统建筑门窗装饰形式美的体现是各方面的，包括窗扇本身的外形，窗扇分格的构图比例，窗扇的格心、绦环板，裙板中花格雕饰之间的虚实对比协调关系、齐偶相配、对称与均衡、节奏与韵律关系等形式美。

一、门窗装饰的对称与均衡

对称与均衡是美的基础，同时也是闽南传统门窗装饰应用较多的一种形式。如闽南传统建筑寺庙、宗祠整体均以偶数出现，以六扇、八扇，隔扇向上而被分隔成绦环板、格心、中绦环板、裙板和下绦环板五个组成部分，被称为六抹头隔扇。比较简化的也有五抹头、四抹头隔扇。如闽南泉州开光寺、金门琼林村蔡式家庙、漳州南山寺等隔扇装饰，此类门扇装饰整体形成对称与均衡，具有安定与稳重感。窗格线条的对称与均衡。侯幼彬先生在《中国建筑美学》中，将几何纹饰的门窗格心从平面构成的角度，分为平棂构成与菱花构成两大类。平棂构成是闽南民居传统建筑及土楼中常见的格心构成方式，大致分为间格型、框格型、网格型、连续型等几种，形成统一、对称与均衡的视觉效果。间格型是由平行的直线竖棂构成即较常见的直棂窗，因为竖棂制作简便又不易积灰，均衡简洁大方，是同形同量的组合，体现出其秩序排列的安定感（图 7–1–1 和图 7–1–2）。网格型是竖棂与卧棂交叉成分格，成 45° 的斜方格的十字锦图案，有些以竖棂为主，加几组横向的卧棂，闽南传统民居较为常见，形成视觉上长方格与小方格之间疏密对比，给人一种新的感受（图 7–1–3）。连续型，即上下左右交叉形成丁字式、拐弯式成一定角度连续排列，构成双向连续图案，

图7–1–1　门窗装饰的对称与均衡——漳浦县湖西乡赵家堡（1）

图7-1-2　门窗装饰的对称与均衡——漳浦县湖西乡赵家堡（2）

图7-1-3　门窗装饰的对称与均衡——厦门文庙

即横竖棂，如亚字锦、万字锦等。菱花构成包括正交或斜交，有“双交四椀”式与“三交六椀”式两种，其等级较高，造型也较丰富，一般在闽南传统宫庙的门窗造型中较为常用(图7-1-4)。总之，闽南传统建筑门窗采用平棂或菱花的格心几何纹样装饰，活泼、整齐、简洁，统一表现线条艺术的形式美，给人们以美的联想和愉悦。

图7-1-4　门窗装饰的对称与均衡——泉州市文庙

二、窗格线条的韵律美

韵律美是闽南传统门窗装饰的一个独特风格，其装饰有一种生气，具有积极、跃动地提高诉求效果的可能性，给人们以不可思议的活力与魅感的力量。

重复性的律动节奏是基本单元，即向左右上下同时连续地重复出现，而产生的节奏感和韵律感，为闽南传统建筑门窗几何纹样。回形纹，又称雷纹或涡纹，直线按回字形，其形延绵不绝，寓意薪火相传，延绵不绝，具有波动的韵律（图 7-1-5 和图 7-1-6）。万字纹是闽南传统建筑门窗常用纹样，“这个‘卍’在中国古代新石器时代的陶器中就已出现了，可能与佛教有关”。万字在绳武楼和闽南传统民居门窗上有直线形也有曲线形，仅直线形就可通过线端纵横曲折的变化，产生

图7-1-5　窗格线条的韵律美——泉州地区

图7-1-6　窗格线条的韵律美——泉州市开元寺

无数回旋且有律动的形态，若用二方连续组成带状或四方连续，就成了“万字流水”和“万字不到头”，其形连续不断蕴含了闽南百姓对美好生活的追求和渴望，期盼祖祖孙孙福寿延绵不断的愿望（图 7-1-7 至图 7-1-9）。龙纹装饰的韵律，龙是中华民族的图腾，龙纹装饰是中华民族传统文化独特的象征，在闽南民间把龙当作吉祥如意的代表。“螭虎炉”是龙纹装饰的一种表现形式，常用螭龙为首，云纹或卷草为身，一般以两条或四条龙组合成香炉状，构图变化丰富，极富律动感。其独特的造型，活泼的构图，优美的线条和吉祥的含义，让人产生愉悦和律动美（图 7-1-10 和图 7-1-11）。

图7-1-7　窗格线条的韵律美——晋江五店市民居（1）

图7-1-8　窗格线条的韵律美——晋江五店市民居（2）

图7-1-9　窗格线条的韵律美——晋江市蔡氏古民居（3）

图7-1-10　窗格线条的韵律美——龙海市白礁慈济宫

图7-1-11　窗格线条的韵律美——台湾台南

第二节　门窗木雕的工艺美

中国传统建筑在世界建筑之林中独具一格，数千年来始终保持以木材为主要建筑构材。闽南传统建筑始终遵循中国传统木构建筑的艺术传承，并赋予了闽南地域文化的特征。门窗木雕是其建筑艺术装饰的最重要组成部分，古人所谓的“雕龙画凤”便是对这一艺术形式的一个简要说明。

闽南传统建筑门窗装饰离不开制作工艺的精湛，从选材、锯刨、做榫，到雕刻、油漆每个工艺都直接与门窗的品质和美观紧密相连。江南地区盛产各种木材，自古以来，当地艺人便以杉木、樟木、楠木、黄杨木、龙眼木等为材料，审视度材，精雕细琢，创造出无数的门窗雕刻艺术品。闽南各地今天所遗留下来的传统古建筑门窗，大多以明清建筑为主，均是千年来木门窗装饰在闽南传统建筑门窗应用中的最高艺术风格的体现。如被誉为“木雕博物馆”的绳武楼，门窗雕刻数量众多，在选择材料、雕工技术等方面极为考究，是其他地区所罕见的，其浮雕、透雕几乎涉及楼内所有木构装饰，数量达六百多处。位于泉州南安蔡氏古民居门窗装饰工艺，其精致多变的花格横竖交织，把大量细小的条窗棂榫拼接成整齐划一、方正规格，所有榫接都严丝合缝，“嵌不窥丝”，不可思议的拼接设计，精密准确的榫卯结构令人惊叹，给人以工艺美的感受。

闽南传统建筑门窗的木雕装饰最常见的是浮雕与透雕，浮雕大多位于门窗隔扇的绦环板，透雕通常用在龙门窗的格心位置，常见门窗装饰大多是木雕与棂格相结合的工艺。

一、浮 雕

图7-2-1 门窗木雕的工艺美——华安县高山镇浮山庙

（1）浅浮雕以华安县高山镇浮山庙大门两侧窗雕为例，其中间部分雕有狮子、蝙蝠，四周用花卉组合成一幅对称、和谐，布局精致，雕刻细腻的画面（图7-2-1）。

（2）高浮雕：是闽南传统木雕窗饰常见的做法，如漳州东山铜陵镇的关帝庙，其门窗雕刻堪称一绝，门窗两端四扇的格心精雕细琢，千姿百态，形神兼备的文官武将，骑马武士，画面构图完美，构思奇特，层次前后远近主次分明，人物雕刻精巧细腻，刀法淋漓，气势纵横，意趣古拙，人物表情生动、传神，有唐宋人物画之韵味，将东方写意与西方写实风格的手法表达得淋漓尽致（图7-2-2和图7-2-3）。

（3）超高浮雕：闽南传统建筑门窗超高浮雕在国内其他地方较为少见，如泉州晋江五店市朝北大厝是一座闽南民居木雕十分精致的红砖古厝，其中门厅隔扇上绦环板，两幅二十四孝中的“乳姑不怠”和“行佣供团”两副雕作，立体感极强，雕工精巧，画面逼真，人物雕刻栩栩如生，其动态表情活灵活现，给人有血有肉的感受（图7-2-4）。

图7-2-2　门窗木雕的工艺美——东山县铜陵镇关帝庙（1）

图7-2-3　门窗木雕的工艺美——东山县铜陵镇关帝庙（2）

图7-2-4　门窗木雕的工艺美——晋江五店市民居

二、透　雕

透雕在闽南传统建筑门窗装饰中运用最为广泛。透雕门窗既能节省材料，又便于通风和透光。透雕门窗的雕刻方式也极为丰富多样，有单面透雕与双面透雕。双面透雕难度较大，要求双面观看要保持画面的完整，因此雕工难度较大，如漳州华安南山宫两幅透雕门窗，圆形构图，场面宏大，人物众多，亭台楼阁，内容繁杂而不乱，层次丰富，配置得当，错落有致，其雕工细腻，形象生动，刀法绚烂，是闽南传统门窗透雕中少有的精品（图 7–2–5）。又如泉州开元寺、漳州龙海白礁慈济宫、华安二宜楼。平和绳武楼，龙纹装饰透雕漏窗，雕刻的螭龙为首，云纹或卷草为绿，以两条龙或四条龙蟠成香炉形状，构图完整而丰富，形态独特，结构合理，线条优美，雕刻刀法倩媚，苍润奇雅，是极富地方特色的装饰，其吉祥如意的含义达到最高境界（图 7–2–6）。

图7–2–5　门窗木雕的工艺美——华安县南山宫

图7-2-6　门窗木雕的工艺美——平和县绳武楼

第三节　门窗装饰的寓意美

闽南传统门窗装饰图案内容丰富，具有深厚的文化内涵和吉祥寓意。首先是人们对吉祥幸福的共同祈求，装饰图案题材大多有吉祥祈福平安的寓意，通过这些装饰图案的寓意来表达福善之意。其次是借万物所具备的特性来表现寓意，如饱满多籽的石榴寓意“多子多福”，以龟、鹤寓意“长寿、吉祥”，以牡丹图案寓意“富贵”，以鱼与牡丹组合寓意“富贵有余”，以海棠与牡丹组合寓意“满堂富贵”，以龟或牡丹与长寿字组合寓意“双喜临门”，以双鱼加双喜寓意“喜庆有余”，以月季花和喜鹊寓意“四季欢乐”，以三串椭圆形的荔枝果实寓意“连中三元”等。再次是通过谐音取之吉祥寓意，如“蝠”与“福”、

“鹿”与“禄”、“菊”与“举”谐音等。蝙蝠与古钱相结合寓意“福在眼前”，莲花及葫芦寓“福气连连”之意，四只蝙蝠谐音寓“赐富”“赐福”之意，五只蝙蝠围一个寿字寓意“五福捧寿”（图 7-3-1），猴骑马上，寓意“马上封侯”。绳武楼第四单元门厅隔扇上方有一木雕形似兽角，“兽”“寿”同音寓“福寿绵长，长命百岁”之意；二楼窗棂雕着一只木桶，桶谐音“通”，周围鲜花环绕，寓“通通富贵”之意；菊花插在花瓶上的图案，“菊”与“吉”谐音，意为“平安吉祥”；花瓶及藏宝柜，“柜”与“贵”谐音，意为“平安富贵”等（图 7-3-2）。另外，闽南方言文化也产生了一些独特的寓意，如在闽南语中萝卜谐音为“彩头”，香蕉谐音为“银招”。绳武楼第七单元二楼窗棂上木雕是“芭蕉串铜钱”，寓“招财进宝”之意（图 7-3-3），菠萝闽南语谐音为“旺来”等。

图7-3-1　门窗装饰的寓意美——泉州市文庙

图7-3-2　门窗装饰的寓意美——平和县绳武楼

图7-3-3　门窗的寓意美——漳州平和绳武楼

此外，以同类动植物或物件组合，结合数字冠以风雅名称，也是闽南传统建筑门窗装饰中常见的图案，如一帆风顺、二龙戏珠、三羊开泰、文房四宝、四君子（梅兰竹菊）、五福临门、六合同春、七星宝剑、八仙过海、八宝图（和合、玉鱼、鼓板、磬、龙门、灵芝、松、鹤）、龙生九子、十全十美、百寿图、百福图等寓意美好生活。

吉祥如意是人们的普遍愿望，“吉者，福善之事；祥者，嘉庆之征”。闽南传统窗饰中展现的吉祥图案是人们对生活的祝福，它给人们带来心理的慰藉和精神上的寄托。绳武楼第七单元隔扇上的木雕，右手边分别是由蝙蝠、喜鹊、梅花鹿、书卷、花丛组成，它们都以吉祥图案代替文字，用谐音喻为上联“福禄书香”、下联“福喜画香”之意。由此，人们在欣赏门窗装饰艺术的同时，托物寓情，目视心期，唤起人们内心的期望，让人身心愉悦，成为一种道德教化，具有人格向往的寓意美（图 7–3–4 和图 7–3–5）。以上这些门窗装饰形式的寓意都是闽南常用的装饰手法，使闽南传统建筑门窗装饰内容更为丰富多彩；其寓意的丰富变化，使闽南传统建筑门窗装饰显得既灿烂又富丽。

图 7–3–4　门窗装饰的寓意美——平和县绳武楼（1）（上联“福禄书香”，下联“福喜画香”）

图7-3-5　门窗装饰的寓意美——平和县绳武楼（2）

综上所述，人们对美的感受是相似的，美的事物能切实反映出自然的和谐。闽南传统建筑门窗装饰内容丰富，形式多样，风格各异，雕刻精湛，又独具异域特色，是我国门窗装饰艺术美的重要组成部分，从一个侧面充分体现了闽南传统文化内涵，同时也反映了闽南人生活审美的普遍观念。

参考文献

[1] 楼庆西. 中国传统建筑装饰艺术大系（上、下册）[M]. 广州：中国时代出版社，2013.

[2] 齐学君，王宝珠. 中国传统建筑梁、柱装饰艺术[M]. 北京：机械工业出版社，2010.

[3] 蓝达文. 闽南民间美术撷英[M]. 厦门：厦门大学出版社，2014.

[4] 林殿阁. 漳州民间信仰[M]. 福州：海风出版社，2005.

[5] 黄汉民. 门窗艺术（上册）[M]. 北京：中国建筑工业出版社，2010.

[6] 殷伟，程建强. 图说民间门神[M]. 北京：清华大学出版社，2014.

[7] 黄汉民. 福建土楼（修订本）[M]. 北京：生活·读书·新知三联书店，2009.

[8] 郑振满. 近五百年来福建的家族社会与文化[M]. 北京：中国人民大学出版社，2011.

[9] 曹春平. 闽南传统建筑[M]. 厦门：厦门大学出版社，2006.

[10] 郭志超，林瑶棋. 闽南宗族社会[M]. 福州：福建人民出版社，2008.

[11] 庄裕光. 中国门窗·窗卷[M]. 南京：江苏美术出版社，2009.

[12] 楼庆西. 户牖之美[M]. 北京：生活·读书·新知三联书店，2010.

[13] 郑镛. 闽南民间诸神探寻[M]. 郑州：河南人民出版社，2009.

[14] 吕品田. 中国民间美术观念[M]. 长沙：湖南美术出版社，2007.

[15] 梁思成．营造法式注释［M］．北京：中国建筑工业出版社，1983.

[16] 梁思成．中国建筑史天［M］．天津：百花文艺出版社，1998.

[17] 郑军．中国装饰艺术［M］．北京：高等教育出版社，2001.

[18] 梁思成．中国雕塑史［M］．天津：百花文艺出版社，2006.

[19] 刘韩立．中国传统门窗装饰纹样的形式构成法则［J］．美术教育研究，2015（12）：24-26.

[20] 蓝达文．闽南传统建筑门窗艺术研究［J］．美术观察，2018（9）：126-127.

[21] 谢重光．闽粤土楼的起源和发展［J］．中国国家博物馆馆刊，2007（1）：79.

[22] 袁炯炯，陈沂，赵红利．福建圆形土楼光环境的生态适应性［J］．华侨大学学报（自然科学版），2012（5）：572.

[23] 鲁晨海．论中国古代建筑装饰题材及其文化意义［J］．同济大学学报（社会科学版），2012（1）：35.

[24] 黄启根．漳州木版年画——中国民间工艺美术瑰宝［J］．漳州职业大学学报，2003（2）：47-49.

[25] 李玉昆．泉州佛顶尊胜陀罗尼经幢及其史料价值［J］．佛学研究，2000（0）：286-290.

[26] 向思楼．民间木版年画的造型美与色彩美［J］．重庆大学学报（社会科学版），2002（4）：42-47.

[27] 冯东，陈俐燕，李丹．民间美术色彩的表现功能与文化意义［J］．郑州大学学报（哲学社会科学版），2007，（1）：162-165.

[28] 徐铭华．浅谈泉州传统佛教建筑的型制特征［J］．福建建筑，2007（3）：20-22.

[29] 黄忠杰．台湾传统剪瓷雕艺术研究［J］．福建师范大学学报（哲学社会科学版），2007（6）：45-48.

[30] 闫爱宾．宋元泉州石建筑技术发展脉络［J］．海交史研究，2009（1）：73-112.

[31] 郑国明. 闽南木雕技艺的继承与创新[J]. 集美大学学报(哲学社会科学版), 2009(3): 101-104.

[32] 张朝阳. 惠安南派石雕艺术形成的条件[J]. 集美大学学报(哲学社会科学版), 2010(1): 27-29.

[33] 薛佳薇. 谈白礁、青礁慈济宫建筑空间的同构性及其特征[J]. 安徽建筑, 2011(6): 37-39.

[34] 陈林. 闽南红砖厝传统建筑材料艺术表现力研究[D]. 武汉: 华中科技大学, 2005.

[35] 孙凯莉. 泉州传统建筑木门窗镂花[D]. 厦门: 华侨大学, 2007.

[36] 郑秋丽. 泉州红砖建筑装饰研究[D]. 厦门: 华侨大学, 2007.